오래된 그이터

인디 부부의 내 맘대로 세계여행

오래된 그이터

문명의 발상지 그리스 · 이집트 · 터키 기행

안정옥 글

인디라이프

그리스–이집트–터키 여정

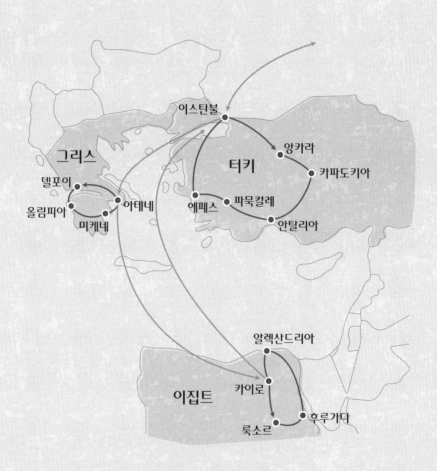

그리스

델포이
올림피아
미케네
아테네

터키

이스탄불
앙카라
카파도키아
에페스
파묵칼레
안탈리아

이집트

알렉산드리아
카이로
룩소르
후루가다

저자의 말

남편이 내가 전에 써 놓았던 '여행기'를 책으로 만들자고 한다. 2000년 12월에 다녀온 여행이니 17년 전의 기록이다. 무엇을 적었는지 잊기에 충분한 시간이 흐른 터에, 느닷없는 소환이 당황스럽기는 하지만, 타임캡슐을 여는 심정으로 우리 가족의 소중한 기록을 열어 보기로 했다.

좀 거칠게 느껴지기는 하지만 내 별명은 '들개'다. 어렸을 때 돌아다니는 걸 좋아해서 얻은 별칭이다. 덕분에 여름이면 늘 더위를 먹어 특효약이라는 익모초즙을 입에 달고 살았다. 커서 생각하니 그 '더위'라는 것은 탈진 증세였다. 꼬마 적에, 나는 매일같이 학교에서 돌아오면 책가방 던지고 개울로 달려가 해가 질 때까지 놀았다. 개울에 가려면 집과 개울 사이의 논둑길을 한참 걸어야 했는데, 하루에도 몇 번씩 그 길을 오가며 놀았으니, 어린아이의 체력으로 감당이 안 되었던 모양이다. 더구나 땡볕에 돌아다니니 얼굴은 새까맣게 그을려 식구들은 나를 깜둥이라고 놀리기도 했다.

조금 커서 중학생이 된 후 나의 취미는 독서로 옮겨갔다. 당시 내 독서 목록은 걸리버여행기, 톰소여의 모험, 15소년 표류기, 허클베리핀의 모험, 로빈슨크루소의 모험˙따위의 온통 모험 이야기였다. 나는 로빈슨크루소의 무인도 표류 생활이 너무나 부러워 어른이 되면 꼭 무인도에 가서 살아보려고 마음먹었다. 나의 연대표로 본다면, 비록 상상의 세계지만 넓은 세상으로 발을 들여놓은 시기이다.

　남편은 조용한 사람이고 나는 분주한 사람이다. 우리는 아주 다른 성향을 지녔는데, 한가지 공통점이 있다면 둘다 나다니기를 좋아하는 것이다. 다만 나는 무조건 신발부터 신는 사람이고 남편은 모든 계획을 거의 완벽하게 세우고 집을 나서는 사람이다. 아이들 어려서는 토요일마다 당시 막 나온 유홍준의 책 '나의 문화유산 답사기'를 들고 전국을 돌아다녔다. 아이들이 더 이상 안 따라 다니겠다고 독립선언을 한 후로는 둘이 전국의 산과 들을 찾아 다녔다. 사실 우리나라 유적의 대부분은 산자락에 있지 않은가. 덕분에 우리 나들이는 문화탐방과 자연의 아름다움을 만끽하고, 거기에 걷는 즐거움까지 누리는 완벽한 놀이였다.

아이들이 자라고, 우리도 운신의 폭이 커졌다. 당연히 우리의 놀이터도 확장되고 놀이도 다양해졌다. 맥주를 좋아하는 남편은 세계 각 나라의 맥주 맛을 찾아 즐기며 제조법을 포함한 맥주의 모든 것에 흥미를 가졌는데, 작은 맥주 한 병에도 제 자신은 물론 제 나라의 역사까지 들어있어서 그것을 불러내는 즐거움도 제법 쏠쏠하다고 했다.

한편, 무인도에 가서 살아보겠다는 나의 철부지 적 꿈도 진화하여 작품 속의 배경이나 원형을 찾아보고 싶은 바람이 추가됐다. 이를테면 제인에어와 폭풍의 언덕을 탄생시킨 영국 요크셔 지방 '하워드 마을 방문하기' 같은 것이다. 작게는 일상의 문화 욕구에서부터, 크게는 세계의 역사와 문화, 지리 그리고 인문학을 공부하고 경험하는 큰 덩어리의 놀이로 확장되었다.

두 해 전에 다녀온 동유럽 여행의 주제는 '음악'이었지만 그것
뿐이겠는가. 그들의 다양한 맥주, 아름다운 풍광, 사는 모습, 크게
는 동유럽 전체의 역사까지도 우리 여행의 범위였다. 나라 밖이 아
니어도 좋다. 봄이면 온 동네에 만발한 봄꽃이 우리를 불러낸다.
먼 곳이 아니어도, 낯선 곳이 아니어도 집 밖은 늘 새로운 세계다.

남편이 올해 안식년을 선포했다. 같은 일을 수십 년 했으니 당연
한 결정이다. 그리고 그동안 안 해본 일 중에서, 그 수십 년 해온 일
만큼 잘할 수 있는 일을 찾고 있는 중이다. '놀이'도 되고 '일'도
되는 재미있는 일을 찾을 수 있다면, 누구라도 그보다 더 큰 행복
은 없을 터이다. 쉽지는 않겠지만 찾아보기로 했다. 첫 번째 선택
지로 오른 것이 여행이다. 그동안 직업 외의 일상에서 가장 성공적
으로 수행해 낸 일이 그 일이기 때문이다.

여행은 여가생활을 즐기기 위한 일이지만, 그것 역시 성공하기 위해서는 열정과 능력과 노력이 필수 조건이다. 게다가 우리가 기꺼이 몰입한 시간이 얼마인가. 여행이란 정제된 단어를 알기 훨씬 이전부터 '세상 구경'이 우리의 취미가 아니였던가. 이제 여행이 일거리도 될 수 있는 창의적인 콘텐츠를 찾아보기로 했다.

우선, 인도, 이스라엘, 동유럽, 히말라야 등 그동안 다녀온 곳의 이야기를 적어 보기로 했다. 남편은 여행 목적지가 정해지면 논문을 써도 될 만큼 공부를 많이 한다. 사실 아무 기록을 남기지 않는다면 너무나 아까운 일이다. 책으로 남기면 우리에게도 의미있는 일이고, 누군가에게도 필요한 정보를 나누어 줄 수 있는, 보람있는 일이라고 생각됐다.

이런 사연으로 불려나온 것이 내 '지중해 여행기'다. 오래전에 가족이 함께 다녀온 지중해 연안 세 나라의 여행 감상문이다. 어찌

해보려는 욕심도 없이 그저 새로운 세상에서 느낀 감동을 기억하려고 적어 놓은 글이다. 무슨 생각으로 그렇게 열심히 진지하게 써두었는지 이제 그 까닭을 알아보아야 할 때가 온 듯하다.

오랜만에 열어보니, 갈피마다 빨간 사과처럼 알알이 선명한 추억이 들어있다. 빛을 잃지않은 호기심과 경이로움이 반짝반짝 살아있다. 잘 있었니? 새로운 시작을 위해 우리의 추억을 불러냈다.

이제 '오래된 이야기'를 세상에 내놓는다. 새 도화지를 펼쳐놓고 함께 그리자고 손을 끌어준 남편에게 고마운 마음을 전한다. 변함없이 삶의 친구가 되어준 여행, 또 다시 새로운 삶의 놀이터가 되어 우리를 초대한다. .

2018년 서대문 안산 자락에서
안정옥

차례

그리스

이집트

터키

여행을 떠나며

　내가 어려서 살던 곳은 조그만 읍내였다. 그래도 사통팔달 교통의 요지였던지 차부라고 부르던 버스 터미널은 늘 많은 버스로 북적거렸다. 홍천, 강릉, 속초, 춘천, 서울, 버스 앞에 붙어 있던 글씨들이 지금도 생각난다.

　열 살이 넘도록 버스를 타 본 일이 없던 나는, 학교에서 돌아오는 길이면 언제나 가방을 멘 채 정류장으로 뛰어갔다. 버스 꽁무니에서 붕붕거리며 나오는 하얀 연기의 냄새를 맡으며 타고 내리는 사람들 틈에 섞여 있는 것이 좋았기 때문이다. 그리고 버스가 모두 제 갈 길을 찾아 떠나면, 뒷모습이 보이지 않을 때까지 그 자리에 서서 바라다보았다. 아마도 긴 한숨과 함께 돌아서서 집으로 발걸음을 옮겼을, 그 꼬마가 들어있는 풍경을 지금도 그림처럼 기억하고 있다.

우리 집 식탁 옆 벽에는 커다란 세계지도가 붙어있다. 어느 날인가 남편이 붙여 놓았다. 덕분에 뉴스에 나오는 세계 곳곳의 일을 우리동네 일처럼 짚어가며 이야기 하고, 세계의 문화와 역사에 대한 일도 지도를 보며 이야기를 나누니, 멀고 먼 나라의 이야기들이 우리의 일상으로 들어오기 시작했다.

태평양, 대서양, 지중해, 로마, 그리스…듣기만 해도 가슴이 설레는 단어들이 입에 오르기 시작하더니 우리 가족은 세계여행을 꿈꾸게 된다. 저녁이면 남편과 맥주 한잔을 앞에 놓고 밤늦도록 세계 여러 나라의 골목을 누비며 노는 재미는, 정말이지 우리에게 도끼가 있었다면 '도낏자루'가 없어져도 모를 정도였다. 그러나, 그 꿈이 어디 그리 만만한 꿈인가. 하지만 기회는 찾아왔다. 늘 자기 일을 하고 싶다던 남편이 드디어 사표를 낸 것이다. 오랜 직장생활의 마감으로 새로운 세계에 직면한 우리는, 앞날에 대해 두려움과 기대를 동시에 맞이해야 했다. 엄습해 오는 불안, 그러나 한 발짝 뒤로 물러서서 앞날을 생각해보는 여유도 필요한 시점이었다.

여행, 여행은 우리에게 너무나 자연스러운 결정이었다. 아이들의 시험이 끝나는 11월 중순에서 12월 중순 사이의 유럽여행, 이렇게 크게 정해놓고 그다음 사항을 차례차례 짚어갔다. 나와 딸은 서유럽으로 가고 싶었지만, 그쪽의 기후가 별로 좋지 않은 시기라고 해서 비교적 따뜻한 지중해 연안의 나라인 터키, 그리스, 이집트 이렇게 세 나라를 가기로 했다. 기후도 고려되었지만 한 달이라는 긴 시간을 낼 수 있는 이 시점에 가장 적당한 지역이라고 생각되었다. 여행 준비로 제일 먼저 항공권을 예약했다. 좀 짧은 듯한 준비 기간, 한 달이지만 마음의 준비는 되어 있었기에 조급하지 않게 준비할 수 있었다. 기후를 고려한 옷가지와 편안한 신발 그리고 의약품에 신경을 쓰고 배낭여행인 점을 생각해 가능하면 짐을 줄이려 애썼다.

남편은 식구들에게 터키 그리스 이집트의 가이드북과 그리스로마신화를 읽을 것을 숙제로 내주었다. 그리고 각 나라에서의 여행지를 정하고 교통수단과 시간표를 참고하여 일정을 짜고 정리하여 프린트하여 두었다. 호텔도 인터넷을 통하여 예약하고 서류를 프린트하여 가져갔는데 많은 도움이 되었다.

우리는 저녁마다 머리를 맞대고 정해진 스케줄대로 지도를 짚어가며 이야기를 나누었다. 아이들은 이집트의 피라미드에 대해 환호하고 나는 그리스의 신전 이야기를 할 때 마냥 꿈에 부풀었다. 지도는 마법의 나라가 되어 우리 모두를 넓고 넓은 세계로 이끌었다. 여행이 시작된 것이다.

떠나기 전날, 함께 모여 무사한 여행이 되기를 기원하며 건배했다. 남편이 이번 여행의 가장 큰 목적은 관용을 배우는 것이라고 당부한다. 남이 나와 다른 것을 이해하고 포용하는 것, 그렇게 더불어 사는 것을 넓은 세상을 보며 배워 오자고 말한다. 아이들이 잠든 후 우리는 유언이 될지도 모르는 말을 몇 자 적어놓았다. 멀고 긴 여정에, 혹시 있을지도 모르는 불행한 일을 염두에 두고 "행복한 미래를 설계하며 떠나는 가족 여행이지만" 하며 적어 내려간다. 얼마 되지 않는 우리의 모든 것을 어느 단체에 기증해 줄 것을 남은 사람들에게 부탁하는 글이다. 숙연한 마음이 된다. 먼 길 떠나는 마음에 두려움과 설레임이 같이 얽힌다.

옛날 옛적에 책가방을 멘 채 정거장에서 한숨짓던 어린아이의 모습이 떠오른다. 내 입가에도 미소가…

환상의 도시, 이스탄불

12시간을 날아 도착한 터키의 이스탄불 공항, 생각보다 넓고 깨끗하다. 나는 터키가 후진국일 것이라는 생각을 몇 조각이라도 마음에 담고 왔나 보다. 이즈음의 터키는 몹시 춥다고 들었는데 예상보다 포근한 날씨가 낯선 곳의 첫 발걸음을 편안하게 해준다. 공항을 나서니 '안드 호텔'에서 마중 나온 아저씨들이 반갑게 맞아준다. 터키에서 만난 첫 번째 사람들이다.

'머리에 터번을 두르고, 살짝 콧수염을 기르고, 긴 원피스 같은 옷을 입고, 바지는 주름을 많이 넣어 끝을 오므린' 그동안 책에서 본 그들의 전통의상이라도 기대한 것일까. 우리를 마중 나온 아저씨 두 분은 뜻밖에도 말쑥한 유럽신사다. '두상이 작고, 코가 크고, 흰 피부에 양복을 입은' 아! 나는 터키에 대해 무엇을 알고 있는 것일까. 터무니 없는 상상이 나를 웃음짓게 한다.

아저씨의 작은 차 뒷자리에 네 사람이 앉아서 오려니 아이들이 좁다고 난리다. 5시경에 '술탄 아흐메드' 구에 있는 숙소에 도착했다. 앞으로 한 달 동안 우리의 아지트가 될 안드호텔, 왠지 낯설지가 않다. 저녁을 먹으러 호텔을 나서는데 어느새 어두워진 밤거리가 불안하다. 골목 카페의 모퉁이에서 말쑥하게 차려입은 청년과 마주쳤다. 레스토랑 삐끼다. 청년이 메뉴판을 펴고 설명하려는 순간 재빨리 걸어서 자리를 피했다. 여행 가기 전에 가이드 북에서 읽은 '삐끼를 주의 하라' 는 말이 생각났기 때문이다. 뒤에서 시몬이 부른다. 얼른 오지 않고 잡혔구나 싶었는데 되려 한마디 한다. "그렇게 겁낼 것 없어 좋은 사람들이야."

청년이 말귀를 알아들은 양 생글거리며 우리를 레스토랑으로 안내하는데 좀 무안하다. 엉겁결에 따라 들어와 창가에 자리를 잡았다. 식당이 그림같이 예쁘다. 테이블 마다 놓인 주황색의 호롱불이 작은 식당 안을 아늑하게 밝혀주고, 넝쿨을 타고 올라온 장미꽃이 조그만 창문으로 얼굴을 들이민다. 내가 꿈을 꾸고 있는 것 같다. 베지타블 케밥과 양고기 케밥을 먹으며 그들의 맥주 '에페스'로 건배했다. 음식에서 한 번도 맡아본 적이 없는 향신료의 냄새가 난다. 이국의 냄새다. 시몬이 그렇게도 꿈꾸던 여행이 시작되었으니 좀 어렵고 힘들어도 잘 견딜 것을 당부한다. 지원이도 좋다고 재잘거리고 성인이도 달덩이 같은 얼굴에 기대가 가득하다.

애플티까지 마시고 나오니 거리는 완전히 어둠에 덮여 있다. 길 하나를 건너 광장으로 들어섰다. 밑에서 쏘아 올린 조명을 받은 '블루모스크'와 '아야소피아'가 환상적인 자태로 먼 나라에서 온 손님을 감동시킨다. 환호성이 절로 나온다. 우리는 지금 비잔틴 제국의 한 가운데 서 있다.

이스탄불에서 콘스탄티노플을 찾다

새벽같이 일어나 산책하러 나가자고 조르니 시몬이 졸려서 싫다고 한다. 지원이와 함께 목도리를 두르고 모자도 쓰고 단단히 채비하고 나서니 시몬이 집 잘 찾아오라고 신신당부를 한다. 쌀쌀한 아침 공기가 상쾌하다. 큰 거리, 작은 거리를 천천히 걷는다. 이곳은 국제적인 관광도시다. 늘 많은 사람들로 붐비는 거리가 지저분할 법도 한데 도시는 어느새 아침 단장을 마치고 손님을 맞는다. 블루모스크와 아야소피아를 중심으로 고도의 그윽한 아름다움이 거리마다 배어있다. 광장의 벤치에 잠시 앉았다. 그런데 우리보다 먼저 오신 손님이 있다. 아니, 터줏대감이시다. 비둘기와 고양이가 사이좋게 먹이를 찾고 있다. 한가로운 아침 풍경이다.

시몬이 콘티넨털식이라고 설명해주는 호텔의 아침 뷔페에서 특별한 맛의 치즈를 만났다. 뭉글뭉글한 하얀 알갱이가 성기게 뭉쳐 있는 모양새가 꼭 우리나라 시골 손두부처럼 생겼는데 맛은 아주 딴판이다. 떫고 시큼하다. 신맛이 강해 처음에는 별로였는데 치즈 위에 잼을 발라 빵과 함께 먹으니 상큼한 맛이 난다. 손님 모두가 접시에 그 치즈부터 담뿍 담는 걸 보니 이 사람들에게는 우리네 김치만큼이나 익숙한 음식인가 보다.

넓지 않은 식당의 양쪽 벽에는 이 지역의 전통문화와 생활양식을 나타내는 사진과 그림이 빼곡히 걸려있고, 벽 아래 선반에는 이들 특유의 철제 주전자와 도자기, 물담배 따위의 소소한 물건이 놓여있다. 세련된 멋과 함께 이국의 향취가 물씬 풍긴다.

아침을 먹고 이스탄불 관광에 나선다. 숙소가 올드이스탄불의 중심지역에 있으니 편리하다. 잠깐 걸으니 블루모스크다. 블루모스크는 술탄 아흐메드 1세가 1610년에 세운 이슬람 사원으로 웅장함과 우아함의 극치를 보여주는 건축물이다. 머리 위로 아득히 보이는 천장 네 개의 돔이 위용을 뽐내며 방문객들과 눈을 맞추어 준다. 까마득히 높은 곳에 평면도 아닌 둥근 돔 속에 들어있는 우아하고 화려한 문양이 감탄을 넘어 감동으로 다가온다. 사방의 벽면은 타일로 장식되어 있는데 푸른색이 주조를 이루고 있다. 이 사원을 블루모스크라 부르는 까닭이기도 하다. 수없이 많은 꽃잎과 이

파리 문양의 푸른색 타일이 조화롭다. 그 덕분일까, 웅장한 모스크의 실내에는 신비함이 감돈다.

이렇게 큰 사원 어디에도 사람이나 동물의 형상으로 된 문양이 없다. 이슬람에서는 형상 자체를 우상숭배라고 여기는 까닭에 모든 장식은 꽃과 이파리 등을 기하학적인 문양으로 표현한 아라베스크 일색이다. 아들이 엄마에게 조곤조곤 일러준 말이다. 바닥은 모두 양탄자로 덮여있다. 한쪽에 제단이 있고 돔 중앙 원형의 구조물에 수백 개의 전등이 달려있다. 저 등에 모두 불이 밝혀지면 얼마나 장관일까. 상상만으로도 아름답다.

아야소피아는 블루모스크와 마주 보고 있다. 붉은 벽돌을 쌓아올린 성당의 외벽을 눈앞에서 본다. 멀리서 볼 때는 견고한 요새같이 웅장한 모습이었는데 가까이 마주하니 오랜 세월의 풍상이 눈에 들어온다. 처음의 당당한 위세는 시들고, 고운 색은 빛을 잃었으며, 모서리 마다 닳은 벽돌은 만지면 붉은 살이 손에 묻어날 것 같다.

비잔틴 건축의 대표적 걸작이라고 알려진 아야소피아는 이스탄불이 동로마제국의 수도 콘스탄티노플이던 360년에 콘스탄티누스 대제가 처음 세웠다. 그러나 이것은 폭동과 화재로 소실되고 지금의 것은 537년에 유스티니아누스 황제가 다시 지은 것이다. 황제는 성당의 축성식에서 대성당의 웅장함에 감격하여 "솔로몬이여, 내가 그대를 이겼노라"고 외쳤다는 이야기가 전해진다. 영광스러운 세월도 있었지만 많은 세월을 지진과 전쟁 등 끊임없는 부침에 시달리면서 오늘에 이른 건축물이다. 역사를 생각하며 바라보니 낡고 빛바랜 성당이 대견하다.

부드러운 외벽의 분위기와는 달리, 대리석으로 꾸며진 내부에서는 강건하고 차가운 아름다움이 느껴진다. 까마득하게 높이 보이는 천장의 돔을 올려다보았다. 특이하게도 엄청나게 높은 그곳에 작은 창이 있다. 채광 때문에 만들었을까, 기이한 아름다움이다.

이층 갤러리로 올라가는 길은 계단이 아니고 달팽이처럼 생긴 경사로이다. 길 중간중간 벽 쪽으로 깊은 아치의 창이 있어 그곳으로 희미한 빛이 들어온다. 발 아래 바닥에는 하얀 회반죽 속에 박힌 까만색 잔돌이 보석처럼 반짝거린다. 오랜 시간, 수많은 사람의 발자국에 닦여 길이 난 것이리라. 벽의 오랜 풍상과 어울리는 어둑한 정경 속을 걷노라니 마치 고대로 걸어 들어가는 듯한 전율이 느껴진다. 문득 타임머신이란 단어가 생각난다. '백 투 더 퓨처'라는 영화를 보며 미래와 과거로 시간 이동이 가능한 주인공을 몹시 부러워한 적이 있다. 고대와 이어져 있는 도시, 이스탄불에서도 시간 여행이 가능하다. 더구나 과거로 돌아가는 건 특별한 일이 아니다. 그 느낌 그대로 이어져 있는 이층 원형의 회랑에는 고색창연한 캔들 램프가 둘려 있다. 램프 아래 난간에 기대어 아래층 성당을 내려다보니 만 가지 감회가 몰려온다.

아야소피아는 비잔틴제국 시대에 비잔틴정교의 본산지였으나 오스만투르크가 점령한 이후 이슬람 모스크로 사용되었고 지금은 역사박물관으로 쓰이고 있다. 천장과 벽에 남아있는 모자이크 중에 가장 유명하다고 알려진 작품인 '그리스도를 안은 성모마리아' 앞에 섰다. 잘 보존되었다고는 하지만 작품의 아랫부분에 손상이 있는 것같아 좀 안타깝다. 이들 모자이크 벽화는 1453년 오스만투르크가 콘스탄티노플을 점령한 이후 모두 회칠로 덮이게 된다. 현대에 들어와 회칠 속에 보존되었던 벽화들이 발견되면서 아야소피아는 비잔틴 시대 최고의 문화유산을 가진 유적지로 한층 더 유명해졌다. 이 회칠을 두고 비잔틴 문명을 파괴하기 위한 이슬람의 야만적 행위라고 비판하는 사람도 있지만, 사실은 이교도의 신앙을 인정하고 보존해주려는 이슬람의 관용이었다고 시몬이 이야기한다.

많은 사람이 십자군 전쟁이 정의의 전쟁이라고 주장한다. 그러나 십자군이 벌인 잔혹한 만행은 역사적으로 잘 알려진 사실이다. 한편 많은 사람이 이슬람은 강경하고 무자비하다는 부정적인 인식을 갖고 있는데 그것은 상당 부분 서구 사람들에 의해서 만들어진 편견이라는 것이다. 나를 두고 하는 말이다. 잘 알지 못하면서 비판하고 부정하는 일은 참으로 경계해야 할 일 같다.

뜨락으로 나오니 갑자기 여독이 밀려온다. 12시간의 비행과 시차는 황홀한 역사 여행으로도 감당이 안 된다. 그냥 눕고 싶다. 마침 성당 뒷마당에 간이매점에서 커피를 판다. 네스카페를 청해 마시며 정원을 둘러보니 여기저기 깨진 돌덩이가 널려있다. 그러고 보니 정원의 테이블 받침이 모두 돌기둥이다. 성당의 역사를 생각하니 적어도 1700여 년 전의 유적들이 '막일'을 하고있는 셈이다. 성당을 지을 때 에페스의 아르테미스 신전과 레바논 바르베크의 아폴론 신전에서 가져온 기둥도 사용되었다고 하니 지금 이렇게 성당의 뒷마당에 부서진 돌덩이로 누워있는 처지이긴 해도 그들 하나하나가 안고 있는 사연은 가늠할 길이 없다. 이들은 유적 부자다. 정원에 뒹구는 돌덩이 하나도 예사롭지 않다. 커피 한잔으로 피로를 덜어내고 이웃해 있는 톱카피 궁전으로 간다.

톱카피 궁전은 15세기 중반부터 20세기 초까지 오스만 제국의 술탄이 거주하던 궁전이다. 1856년 돌마바흐체 궁전이 생기기 전까지 오스만제국의 중심지로서 번영을 누리던 곳이다. 지금은 박물관으로 사용되고 있다.

제국이 남긴 각각의 방에는 온갖 진귀한 보물들이 가득 쌓여 있다. 방도 많고 보물도 많다. 정신을 온통 팔고 보았는데도 무엇을 보았는지 기억이 혼미할 정도이다. 그중에 각국에서 보내온 선물을 모아둔 방이 있다. 주로 도자기와 식기 종류를 모아 두었는데, 요즘 서울 장안의 아줌마들 사이에 유행하는 화려한 커피잔이 전시되어 있다. 영국의 어느 여왕이 선물한 도자기란다. 오호! 여기 진짜가 있구나. 서울에서 그렇게 유행을 해도 특별히 좋은 줄 몰랐는데 여기서 보니 근사하다. '진짜 원조'라서 그런 것 같다.

이름부터 화려한 에메랄드의 방에 들어가니 보석 장식품이 가득하다. 그중에서도 다이아몬드와 루비가 촘촘히 박히고 초록색 에메랄드로 장식한 물병이 눈에 띈다. 나는 보석에 관심이 없는 사람인 줄 알았는데 여기 와서 보니 잘 못 알고 산 것 같다. 예쁜 보석을 보니 탐이 난다. 나를 위한 변명 한마디, "저렇게 화려한 자태에 홀리지 않는 사람도 있을까?"

또 다른 방에 세례자 요한의 것이라는 팔 유골이 있다. 정말일까? 사실이라면 대단히 진기한 전시품임에 틀림없다. 궁전의 각 접견실도 옛 모습 그대로 보존되어 전시되고 있다. 당시의 성황과 위세가 고스란히 느껴진다. 오스만 제국의 최고 전성기에는 4천에서 6천 명에 이르는 사람이 이 궁전 안에서 살았다고 하니 궁전이라기보다는 도시를 이루고 살았다는 것이 맞는 말이겠다.

점심은 궁전 안, 보스포루스 해협이 보이는 야외 식당에서 간단히 먹었는데 값은 제법 거하게 물었다. 이곳 궁전 안의 자릿세가 포함된 것 같다. 어쨌거나 절벽 위에서 바다를 바라보며, 그 바다 건너에 있는 또 하나의 이스탄불을 보며 마시는 커피 맛이 각별하다.

점심을 먹고 나니 마침 하렘을 공개하는 시간이다. 이곳은 정해진 시간에 가이드를 따라 다녀야 한다. 하렘은 술탄의 여자들이 모여 사는 곳이다. 대체 여자를 얼마나 모아 두었길래 하렘이라는 특별한 구역을 만들어 놓았을까 궁금했는데 들어가 보고 다시 한번 놀랐다. 안내인 없이는 몇 발짝 못 가서 길을 잃을 것 같다. 말 그대로 미로의 도시다. 실이라도 풀며 다니지 않으면 제 방 찾기도 힘들어 보인다. 대개는 작은 크기의 방이지만 가끔은 아름답고 화려하게 치장된 큰 방도 있고 가끔 독립된 건물도 만난다. 어느 곳을 지날 때는 하늘이 보이기도 했지만, 대개는 햇빛 한 줄 들지 않는 어두운 방이다. 모든 방이 미로처럼 연결되어 있는 이런 곳에 불이라도 나면 어쩌나 싶었는데, 아니나 다를까 몇 년도인가에 대화재가 있었다고 한다.

가끔 목욕탕으로 보이는 방이 있다. 하렘이라는 닫힌 공간에서 이들의 유일한 희망은 술탄이 아니었을까. 하렘의 모든 여인이 얼마나 정성스레 몸단장을 하며 술탄과 만나기를 고대했을까. 그들의 기다림이 애잔하게 느껴진다.

하렘은 여성이라는 뜻이다. 이곳에서 술탄의 어머니와 처와 첩이 모두 살았는데 구역은 나누어져 있었다고 하니 이 안에도 엄연히 신분의 구별이 있었던 모양이다. 하렘을 나서니 벌써 늦은 오후다.

궁전에는 진기한 보물이 얼마나 많은지 바삐 돌아도 하루해가 모자란다. 매점에 들러 기념품 몇 개 사고 궁 밖으로 나오는데 아쉬움에 발걸음이 떨어지지 않는다.

돌아오는 길에 문 닫기 직전의 예레바탄 지하궁전에 들렀다. 예레바탄은 6세기경 유스티니아누스 황제 시대에 만들어진 지하 대저수시설이다. 웬만한 시골 학교의 운동장보다 넓다. 부분 조명을 받아 초록색으로 반짝거리는 물이 제법 고여 있고 300여 개의 기둥이 천장을 받치고 있다. 이곳의 기둥은 전국의 신전에서 모아들인 것이라고 한다. 각각의 사연으로 저마다 다른 문양이 조각된 아름다운 대리석 기둥 덕분에 예레바탄은 저수지라는 태생에도 불구하고 궁전으로 불린다. 가장 안쪽의 구석에 메두사의 머리가 바닥에 닿아 있다. 메두사의 머리 하나가 거꾸로 놓여 있는 까닭은 메두사의 눈과 마주치면 돌이 되어버린다는 전설 때문이란다. 성인이의 설명이다.

 하루 해에 블루모스크, 아야소피아, 톱카피 궁전, 예레바탄지하궁전을 다 보았으니 정말 바쁘게 보낸 하루다. 다행히 네 곳이 모두 이웃해 있고, 우리 숙소인 안드호텔도 가까이 있어서 그 일정이 가능했다. 저녁은 발 디딜 틈 없이 손님이 많은, 호텔 앞의 식당에서 터키사람들의 유명한 먹거리라는 떡갈비 구이를 먹었다. 커다란 콩이 섞여 있는 야채 한 접시와 빵 한 바구니 그리고 시큼한 아이란이 곁들여 나온다. 떡갈비는 양고기를 갈아서 갖은양념을 한다음 손가락만 하게 뭉쳐서 구운 것이다. 우리나라 떡갈비 맛이랑 비슷하다. 아이들이 맛있게 먹는다.
 식당을 나서는데 누가 어깨를 잡는다. 돌아보니 식당 아저씨가 우리 카메라를 들고 서 있다. 식탁에 두고 나온 모양이다. 정말 고맙다. 밤공기가 차다. 옷깃을 세우고 거리구경을 조금 한 다음 숙소로 돌아왔다. 7시가 조금 넘었는데 한밤중이다. 피로가 산처럼 몰려온다.

문명의 경계, 보스포러스 해협

새벽같이 일어나 실케지 역으로 간다. 오늘 밤에 떠나는 앙카라 행 기차표를 사기 위해서다. 거리에 나서니 마침 이 사람들의 출근 시간인지 사람도 많고 전차도 바쁘게 오가고 승용차도 택시도 제법 부산하게 움직인다. 매연도 서울 못지않다. 한 20여 분 걷는 동안 카페트와 도자기가게, 다양한 디자인의 가죽 공예품 가게를 만났다. 처음 본 것도 아닌데 볼 때 마다 재미있다.

작은 길 하나를 건너려고 횡단보도 앞에 섰는데 길가 건물의 울타리 안으로 몇 기의 무덤이 보인다. 수풀같이 우거진 뒷마당에 꽃나무와 섞여 있는 무덤들, 사연은 알 수 없지만 죽어서도 산사람들 터에 섞여 있는 것이 보기에 좋다. 사방에 있는 붉은 벽돌 건물을 보며 오래된 도시의 정취를 만끽한다. 한 천년은 되어 보이는 담벼락에 담쟁이 넝쿨이 얽혀 올라간다. 그 모습을 보려고 좀 뒤처졌더니 아이들이 성화다. 시몬이 실케지역에서 기차표를 사는 동안 역광장에서 목걸이 빵을 샀다. 이 빵은 가운데가 뻥 뚫려 있어서 여러 개를 실에 꿰면 목걸이 처럼 목에 걸 수 있다. 이곳에서는 아저씨들이 자전거에 유리 상자를 싣고 그 안에 빵을 넣고 다니며 판다. 늘 목걸이 빵이 궁금했는데 드디어 오늘 빵 장사 아저씨와 만났다. 아저씨의 유리 상자에는 생각보다 다양한 종류의 빵이 들어있다. 그 중에서 목걸이 빵을 골라 먹어보니 담백하기는 한데 생각만큼 맛있지는 않다. 그런데 겹쳐지는 풍경이 있다. 너무 오래전 일이라 까맣게 잊고 있었는데, 옛날 우리 동네에도 작은 유리 상자에 찹쌀떡을 넣고 다니며 파는 사람이 있었다. 조르고 졸라서 한 번씩 먹을 수 있었던 망개떡의 추억을 이스탄불의 한적한 골목길에서 만나게 될 줄이야. 아저씨의 유리 상자가 다정해 보인다. 고향의 추억까지 불러준 실케지 역 광장이 오래도록 그리울 것 같다.

역에서 앙카라행 기차표를 사고 바로 옆에 있는 에미노뉴항구로 가서 10시 30분에 출발하는 배를 탔다. 흑해가 바라다보이는 아나톨루 요새까지 1시간 30분 정도 걸린다고 한다. 하늘은 더없이 푸르고 날씨는 따뜻하다. 크루즈 하기에 '이보다 더 좋을 수'는 없다. 배 위에서 시원한 바람을 맞으며 마시는 커피 맛도 기가 막히다. 이스탄불은 보스포루스해협을 경계로 한쪽은 유럽, 한쪽은 아시아로 나누어진다. '강 같은 바다'를 사이에 두고 두 대륙의 땅이 서로 닿을 듯이 가까이 있다. 처음 보는 풍경이 신기하다.

배는 양쪽 해안을 지그재그로 들리며 양쪽 마을의 손님을 모두 태운다. 그림같이 예쁜 집들이 각양각색의 모습을 자랑하며 해안을 따라 늘어서 있다. 바다를 바라보고 있는 앞마당의 파란 잔디는 카페트처럼 곱고, 뜰에는 겨울의 문턱에 있는 계절이 무색하게 알록달록 고운 꽃이 한창이다. 마침 한 가족이 뜰에 놓은 하얀 테이블에 앉아서 바다를 바라보고 있다. 파도에 일렁이는 물결이 아침 햇살을 받아 물고기 비늘처럼 반짝인다. 모두 행복해 보인다. 이 풍경 속에 함께 들어 있는 나도 행복하다. 아이들이 바다에 해파리가 많다고, 갈매기가 동동 떠 있다고 신기해 한다. 아이들이나 어른이나 처음 보는 풍경이 마냥 신난다.

12시쯤 항구에 내려 아나톨루 요새로 올라간다. 항구에서 바라볼 때는 까마득해 보이던 요새가 막상 걷기 시작하니 그리 멀지 않다. 따가운 햇볕을 받으며 비탈길을 오르려니 덥고 힘들다. 길가에 몇 기의 무덤이 있다. 봉분은 없고 시멘트로 울타리를 치고 나무문을 해 달았다. 안에는 꽃도 심고 작은 나무도 심어 놓았다. 처음에는 채소밭인 줄 알았는데 잠깐 눈길을 주니 무덤이다. 어느 곳이건 사람이 사는 곳에는 죽음이 있기 마련이지만 죽은 사람과 산 사람의 터가 엄격히 구별되는 우리와는 달리 이곳 사람들은 동네 안 자신들의 집 가까이에도 무덤을 둔다.

아나톨루 요새는 허물어지기는 했지만 1390년 오스만투르크 시대의 건축물인 걸 생각하면 보존 상태가 상당히 좋은 편이다. 요새라고 하면 분명 적의 침입을 막기 위한 군사시설인데, 남아있는 붉은 벽돌의 탑과 성벽이 '미녀와 야수'가 살았던 산꼭대기의 궁전같이 생겼다. 내가 동화책을 너무 많이 본 것 같다.

요새의 끝에 서니 천 길 낭떠러지 저편으로 흑해가 눈에 들어온다. 이곳은 보스포루스 해협의 가장 좁은 곳으로 폭이 약 700m에 불과하다. 흑해 입구를 통과하는 적을 지키는 요새로써 가장 중요한 곳이었다고 전해진다. 우리 집 식탁 옆에 걸려있는 세계지도 속에서 늘 동경하며 바라보던 바다, 흑해를 지금 마주 보고 있다. 꿈같다.

부지런히 내려와서 항구의 식당에서 늦은 점심을 먹고 아이스크림 가게에 들렀다. 그런데 아이스크림 맛이 이상하다. 아니, 몹시 특이하다. 쫀득쫀득하고 질기다. 터키 아이스크림의 고유한 맛이라고 하는데, 아이들은 맛이 없는지 이후로는 아이스크림 사달라는 말이 없다.

돌아오는 길은 왜 이리 빠른 것일까. 양쪽 해안가의 아름다운 풍경을 구경하느라 정신을 빼앗겨 다 온 줄도 몰랐다. 뱃전에 앉아 따라오는 갈매기를 바라보는데 그 너머로 해가 뉘엿거린다. 지는 해를 바라보며 차 한잔을 청해 마시니 도착했다는 방송이 나온다.

에미노뉴 항구에 도착한 후, 실케이지 역으로 가서 아침에 맡겨놓은 짐을 찾았다. 배낭을 메고 보스포로스 해협을 가로지르는 다리를 걸어서 건너고 싶었는데 그리도 맑던 하늘에서 빗방울이 떨어진다. 할 수 없이 택시를 타고 항구로 가서 하이텔파샤역으로 가는 배를 탔다. 우리와 달리 이 사람들은 배가 일상의 교통수단인지 퇴근하는 사람들로 몹시 붐빈다. 넓은 방에 모여 커피도 마시고 잡담도 나누는 것이 좀 소란하기는 해도 유쾌한 분위기다. 배를 타고 출퇴근을 하다니 그것도 신기하다.

곧 도착한 하이텔파샤역, 바닷가에 있는 역이라 역의 광장이 파도가 넘실거리는 푸른 바다와 마주 보고 있다. 풍광도 훌륭한데 역 건물도 기차역으로 쓰기엔 아까울 만큼 웅장하고 아름답다. 대리석 계단 위로 보이는 전면의 커다란 아치문이 오래된 박물관을 상상하게 한다. 문을 열고 들어가면 오래된 유물이 가득 쌓여 있을 것 같다.

많이 내리지는 않지만, 비도 부슬거리고 바람까지 부니 몹시 춥다. 밤 10시가 넘어 출발하는 앙카라행 기차를 타려면 아직도 한참 기다려야 하는데 주변에는 들어가 쉴 만한 카페도 식당도 안 보인다. 역 안의 매점에서 소시지 빵을 사서 바다가 보이는 벤치에 앉아서 먹었다. 다행히 맛이 괜찮다. 춥고 졸립다는 아이를 달래보려고 긴 플랫폼을 몇 번이나 오가도 시간이 줄지 않는다. 그것이 안쓰러워 보였는지 우리가 타고 갈 기차의 승무원으로 보이는 아저씨가 곧 기차가 온다고 위로의 말을 건넨다.

10시 30분, 고단한 몸을 싣고 앙카라행 기차가 출발한다.

히타이트의 도시, 앙카라

밤 기차를 타고 앙카라로 간다. 침대차는 정말 좋다. 호텔 못지 않은 깨끗한 시트가 깔려있고 한쪽 구석에 있는 작은 냉장고에는 우유와 음료수가 들어있다. 작은 세면대도 있고 간단히 글도 쓰고 읽을 수 있는 책상도 있다. 바닥에는 카페트가 깔려 있어 분위기도 아늑하다. 이만하면 아쉽지 않게 살림도 살겠다. 차창에는 커튼과 두꺼운 차양막까지 있어 잠을 자기에도 그만이다. 시몬과 내가 함께 타고 옆 칸에 아이들이 탔다. 아이가 낮에 허리가 삐끗한 것 같다고 한다. 그럴 만도 하다, 배낭이 좀 무거운가. 아픈 허리에 파스를 붙여주고 나왔다.

하이델파샤역에서 얼은 몸을 따뜻한 침대에 뉘니 발끝부터 노곤함이 밀려온다. 그런데 잠이 안 온다. 앉아 있을 때는 멀리 들리던 기차 소리가 누워서 들으니 몹시 크게 들린다. 덜커덕거리는 소리에 바람 소리까지 합쳐지니 소리에 민감한 내 귀에는 탱크 소리같이 들린다. 이층에 누운 시몬에게 이야기하자고 조르니, 그래그래 대답은 하는데 말꼬리가 흐리다. 불을 끄고 잠을 청해보지만 머릿속이 더욱 맑아진다. 나그네가 되어 낯선 이국의 겨울 풍경 속을 끝도 없이 달리고 있다고 생각하니 여수가 밀려온다.

　깜빡 잠이 들었다가 눈을 뜨니 특별한 풍경이 눈에 들어온다. 거무스름하게 끝없이 이어져 있는 산등성이 안으로 하늘 가득 별이 반짝거린다. 그중에서도 손톱만 한 초승달이 어찌나 반짝거리는지 주먹만 한 별들 사이에서 유난스레 빛을 낸다. 인가라고는 없는 황량한 벌판에 쏟아지는 별빛이 너무 예뻐서 시몬을 깨웠다. 별 좀 보라고 했더니, 그래 예쁘다 한다. 북두칠성도 저기 있노라 했더니, 그래그래 별자리 찾았으니까 그만 자라고 건성 대답한다. 저렇게 큰 북두칠성을 본 것이 언제였을까. 중학교 때 주현이라는 친구가 있었다. 어느 해 여름인가, 그 애네 집 앞마당에 누워 북두칠성을 바라보며 일곱 개의 별에 친한 사람의 이름을 붙이고 놀았는데, 별 일곱 개가 모두 주인을 찾았는지는 기억이 안 난다.

　잠깐 눈을 붙이고 일어나니 희끄무레하게 바깥 풍경이 눈에 들어온다, 새벽이다. 가도 가도 인가 하나 보이지 않는 거친 사막이다. 낮은 모래언덕 사이로 지평선이 언뜻 보일 뿐, 어디를 둘러 보아도 푸른 빛이라고는 없는 누런 벌판이다.

앙카라에 도착할 무렵에 아이들 방에 들어가 보니 벌써 일어나 재잘거린다. 용케도 잘 잤단다. 식당차에서 아침을 간단히 먹고 차 한잔을 마시니 앙카라에 도착했다는 방송이 나온다.

택시를 타고 아나톨리아 문명 박물관으로 곧장 달려갔다. 인류 역사의 초기에 최고의 문명이었던 수메르와 히타이트 문명의 유물이 잘 보존된 박물관이라고 시몬이 설명해 준다. 내 눈에 철로 만든 각종 그릇이 먼저 들어온다. 언제 사람들인데 저리도 근사하게 그릇을 만들어 썼단 말인가, 놀라울 뿐이다. 토기들이 기하학적인 무늬와 함께 모양도 날렵하고 다양하며 세련된 느낌을 준다. 이집트 문명의 출토물과 비슷하다. 내 말을 들은 시몬이 실제로는 아주 다르다며 곧 이집트에 가서 비교해 보자고 한다. 저 사람은 남의 나라 문화가 저리도 재미있을까. 덕분에 따라다니며 듣고 배운 것도 많으니 이제 풍월까지는 몰라도 조금씩 흥미가 생긴다. 아이들은 어떨까. 따라다닐 때 보면 자세히 보는 것 같지도 않고, 어느 땐 도무지 흥미도 없어 보이고, 어느 땐 징징거리기까지 한다. 그래도 어른이 된 어느 날, 제 부모와 함께 다니던 날들이 떠오르기는 할까. 그렇다면, 그동안 보고 들은 넓은 세상의 다양한 이야기도 잊지 않았으면 좋겠다. 이제 카파도키아로 떠난다. 기차역에 맡긴 짐을 찾아 여기 사람들이 오토가르라고 부르는 버스터미널로 간다.

오토가르에 있는 식당에서 볶음밥과 닭고기 요리를 점심으로 먹고 3시에 출발하는 버스를 기다리는데 유리창을 통해 들어오는 햇볕이 어찌나 따가운지 자리를 바꾸어 앉았다. 서울 날씨라고 하면 시월 중순 한낮의 햇살쯤 될 것 같다. 아니다, 기온은 같을 수 있어도 햇살은 서울과 비교할 수 없을 것 같다. 이곳 한낮의 햇살은 찌르는 듯이 따갑다.

정각에 출발한 카파도키아 행 버스, 승객은 그리 많지 않은데 차장의 서비스가 유별나다. 자그마한 체구에 검은 바지와 흰 셔츠, 거기에 검은 넥타이로 멋을 낸 모습이 깔끔하다. 차장은 먼저 레몬향이 나는 물을 일일이 손님들의 손에 뿌려준 다음 뜨거운 홍차를 나누어 준다. 차와 함께 먹으라고 과자도 가져다주고, 두 시간 후에 또다시 향수로 손을 씻어준 후에 차와 음료수를 가져온다. 정말이지 특별한 서비스다. 카페트가 깔려있는 실내도 아늑하고 쾌적하다. 중간에 한 번 휴게소에 들리는데 삼십 분 정도 느긋하게 쉰다. 아마 운전사가 저녁식사를 하는 것 같다. 시간에 쫓기는 우리나라 운전사와는 사뭇 다르다. 저녁 식사를 마치고 애플티까지 마신 운전사가 흡족한 얼굴로 운전석에 오른다. 터키사람의 90퍼센트 이상이 이슬람교도라고 한다. 이들은 종교적 이유로 술을 안 마신다고 하는데 그래서인지 어디서나 차를 즐겨 마신다. 조그만 유리잔에다 한 모금이나 들어갈까 싶게 차를 담아 노상 홀짝거리며 마신다.

가도 가도 황량한 아나톨리아 고원, 이 지역 특유의 풍경이 펼쳐진다. 황량한 모래 언덕에 나무 한 그루 보이지 않는다. 누런 벌판에 외줄의 까만 아스팔트 길이 끝없이 뻗어있다. 거칠 것 없이 뚫린 길을 한껏 달려볼 만도 한데 버스는 절대 과속하지 않는다. 그런데 이런 황량한 벌판에도 사람이 사는지 가끔 인가가 보인다. 상가도 학교도 시가지도 없는 벌판에서 어떻게 살아가는지, 무엇을 해서 먹고 사는지 궁금하다.

무심한 버스는 쉼 없이 달리고 버스 안의 사람들은 모두 잠들었는지 조용하다. 시몬도 아이들도 지쳤는지 옆구리를 찔러도 모르고 잔다. 몇 시간을 가도 변하지 않는 창밖의 풍경이지만 생경한 이국의 풍경이 좋다. 그런데 아까 차장이 부어준 향수가 나하고는 맞지 않는지 코가 몹시 가렵다. 시간이 갈수록 증세가 심해지더니 재채기에 눈물 콧물까지 쏟아진다. 허리도 아프고 몸도 쑤셔온다.

몸살 기운으로 거의 쓰러질 무렵에 카파도키아에 도착했다. 정류장 마당에서 놀던 동네 개들이 우르르 몰려와 우리를 반긴다. 동물을 좋아하는 지원이 얼굴이 활짝핀다. 저녁을 먹으려고 근처의 식당을 찾아 들어갔다. 갓구워 내온 빵이 챔피언 벨트처럼 생겼다고 아이들이 깔깔거린다. 토마토 수프가 유난히 맛있는 식당이다.

저녁을 먹은 후 근처의 월넛하우스에 잠자리를 정했다. 현관에 들어서는데 하얀 고양이가 와서 아는 체를 한다.

그래그래, 너도 내일 다시 보자.

카파도키아의 땅속 세상

카파도키아는 정말 이상한 동네다. 아무리 남의 나라라고 해도 여긴 좀 심하다. 동네가 온통 기이한 모습의 바위로 이루어졌다. 평야가 움푹 꺼진 형태의 마을에 고깔모자처럼 생긴 바위가 수십 개씩 무리 지어 있기도 하고 혼자 떨어져 있기도 하다. 사람들이 이런 바위에 동굴을 만들어 살고 있다. 지금은 여염집으로 쓰는 것은 거의 없고 레스토랑이나 호텔 등으로 꾸며 관광용으로 이용한다. 우리가 묶는 월넛하우스도 동네의 지형을 본떠서 만들었는지 바위를 파서 만든 동굴 같은 분위기다. 침대에 누우면 동굴에 들어있는 기분이다. 동네에 사방으로 보이는 수많은 굴의 흔적이 장관이다.

아침 일찍 정류장으로 나가 어제 정류장에서 만난 메흐멧 아저씨를 전화로 불렀다. 이틀 동안 아저씨의 택시를 대절해서 카파도키아 일대를 돌기로 했는데 비용도 100불로 비교적 저렴하다. 곧 아저씨가 노란 택시를 가지고 왔다. 까무잡잡한 얼굴에 자그마한 체구, 까만 콧수염, 까만 머리카락에 약간 대머리이다. 그러고 보니 전형적인 터키 사람이다. 일일이 악수를 청하며 인사를 하는 모습이 소박해 보여서 마음이 놓인다. 영어도 잘해 의사소통에도 무리가 없겠다. 우리가 만난 터키 사람은 대체로 영어를 잘한다. 이 사람들은 대부분 콧수염을 살짝 기르는데 그래서 그런지 우리 눈에는 어지간히 젊은 사람이 아니면 모두 제 나이보다 더 들어 보인다. 덕분에 시몬은 안 해도 될 실수를 하고 만다. 운전하고 가던 메흐멧 아저씨가 느닷없이 자신이 몇 살쯤 되어 보이냐고 묻는다. 시몬은 아저씨 기분 좋게 해 드릴 요량으로 짐작되는 나이에서 열 살 정도 뺀 나이인 50살로 대답한다. 아저씨는 매우 어색한 표정으로 자신의 나이는 42살이란다. 이런 실수가 있나, 정말이지 60은 족히 되어 보이는 아저씨가 시몬보다도 젊은 나이라니 황당하다. 본의 아니게 남의 나이를 잔뜩 늘려 놓은 실례를 얼버무리느라 시몬이 진땀을 뺀다. 다 콧수염 덕분이다.

아저씨의 자상한 동네 소개를 들으며 첫 번째로 도착한 곳이 데린쿠유의 지하동굴 도시이다. 1963년 한 농부의 집이 무너지면서 발견되었다는 동굴 도시는 4000년 전에 히타이트인들이 한 층만 만들어서 사용했다고 한다. 그 후 기독교인들이 박해를 피하여 지하로 숨어들어 살기 시작하면서 지하 20층까지 만들어 놓았다. 현재는 지하 8층까지 개방되어 있다. 여염집 지하실 입구의 출입문처럼 생긴 작은 여닫이 문을 밀고 들어가면 중심통로가 나온다. 그 길을 따라가면 작은 홀이 여기저기 보이는데 제법 규모가 큰 것도 있고 작은 것도 있다. 모두 쓰임새에 따라 이름이 붙었는데 학교, 주방, 교회, 식품저장고, 거실 심지어는 잘못을 저지른 사람을 벌주는 방도 있다.

굴의 총 길이가 30km에 이른다니 대단한 규모다. 그들은 박해를 피해 숨어 들어온 사람들이어서 내놓고 굴을 팔 처지도 아니었다. 이렇듯 엄청난 대규모의 공사를 은밀하게 숨어서 했으니 그 어려움을 어찌 짐작이나 할 수 있을까. 그저 신앙을 향한 굳은 신념을 짐작해 볼 뿐이다.

한때 4만 명이 살았다는 이곳은 규모도 크지만 정교하게 설계되어 있어서, 만약 적이 침입하더라도 사방으로 얽혀 있는 미로 덕분에 곧 길을 잃게 되어 목적을 이루기가 쉽지 않았다고 한다. 그뿐만 아니라 굴속에서 몇 달씩 나오지 않고 생활할 수 있도록 웬만한 시설은 다 갖추었다. 특히 환기가 되도록 굴뚝 역할을 하는 수직통로까지 만들었다고 하니 놀라울 따름이다.

데린쿠유에서 나와 아나톨리아의 황량한 벌판을 끝없이 달린다. 산도 없고 개울도 없는 황무지이기는 하지만 넓은 땅이 부럽기만 하다. 무심히 먼 곳을 바라보는데 갑자기 벌판 한가운데가 땅속으로 움푹 꺼져 있다. 우리가 놀라자 메흐멧 아저씨가 빙그레 웃으며 차를 세운다. 가까이 가서 내려다보니 천 길 낭떠러지다. 놀랍게도 낭떠러지 아래로 시냇물이 흐른다. 물이 있으니 물길 옆으로 아담하게 나마 수풀이 우거졌다. 나는 내리뻗은 수직 암벽과 함께 장관을 이루고 있는 그곳을 '땅속의 오아시스'라고 이름 붙였다. 그곳이 오늘 우리가 트레킹할 코스 '이흘라라' 계곡이다.

외딴 이곳에도 집이 한 채 있고 마당에는 어린아이가 놀고 있다. 메흐멧 아저씨가 꼬마를 번쩍 들어 안으며 자기 친구의 딸이라고 소개한다. 인기척을 느꼈는지 집안에서 여자 둘이 나오는데 아이의 엄마와 고모란다. 까무잡잡 하기는 해도 로즈라는 이름을 가진 아이의 고모가 무척 예쁘다. 까만 머리에 까만 눈, 그 모습이 유럽 대륙과 아시아의 끝자락에 있는 터키의 땅덩이처럼 서구적이기도 하고 동양적이기도 하다. 수줍게 웃는 모습이 신비스럽기까지 하다. 함께 사진을 찍고 아이에게 서울에서 가져간 태극기 배지를 달아주고 계곡의 아래쪽으로 걸어 내려간다.

세상에! 이곳에 또 하나의 거대한 도시가 숨어 있다. 1000여 년 전 10세기에 만들어진 도시다. 데린쿠유 동굴 도시가 말 그대로 '언더그라운드시티'라면 이곳은 숨어 산다는 의미로서 '지하도시'이다. 이곳 역시 박해를 피해 숨어든 크리스천의 도시이다. 이 사람들은 수백 미터 내리뻗은 수직의 암벽에 굴을 파 숨어 살면서도 교회를 만들어 예배를 보았다. 동굴 속에 아치의 기둥과 제단을 만들고 벽에는 자신의 신앙을 그림으로 표현했다. 아직도 선명한 벽화의 채색에서 그들의 온기가 느껴진다.

대평원 속, 천 길 낭떠러지의 절벽에는 동굴 교회와 집이 수없이 많다. 멀리서 보면 바위에 뚫려있는 출입구가 까맣게 보이는데 그 모습 또한 계곡의 정경과 어우러져 장관이다. 절벽으로 올라가서 몇 군데의 동굴 집에 들어가 보았다. 사람의 힘으로는 만들 수 없는 이곳의 기이한 자연도 놀랍고, 신앙을 위해 가혹한 은둔생활을 견뎌낸 이 사람들의 집념 또한 대단하다. 양쪽 모두에게 경외심을 보내며 "신앙이란 무엇인가" 하는 어려운 질문을 던져본다.

계곡을 따라 걷는데 한 무리의 양 떼가 보인다. 할머니 할아버지가 개울가에서 양에게 물을 먹이고 있다. 구부정한 허리에 나무 지팡이를 들고 양떼를 모는 두 노인의 모습이 그림책 속의 양치기와 똑같다. 양을 만져보고 싶었는데 시냇물 건너에 있어서 아쉬웠다.

우거져 있는 수풀과 바위 사이로 길이 이어진다. 가끔 작은 나무다리도 건너고 얕은 개울의 징검다리도 건넌다. 걷는 것이 좋은 나는 신바람 나는데 아이들은 절벽 밑의 자갈길이 지루한지 다리가 아프다고 한다. 잠시 앉아 과자와 음료수를 먹으며 고개를 들어 절벽 위의 하늘을 보니 눈이 시리게 파랗다. 푸른 숲과 시냇물이 흐르는 이곳에서 천국의 모습을 본다. 4km 정도 걸어 내려와 계곡의 끝에서 메흐멧 아저씨를 다시 만났다. 우리가 계곡을 가로질러 걸어오는 동안 아저씨는 자동차로 멀리 돌아서 온 것이다. 우리는 아저씨 친구가 주인인 근처의 식당에서 점심을 먹기로 했다. 시큼한 야쿠르트에 오이와 토마토를 버무린 샐러드와 토마토와 피망이 들어 있는 소스를 넣고 철판에 볶은 닭고기 요리가 오늘의 메뉴다. 맥주와 차이 까지 마신 후에 일어나니 해 짧은 이곳은 벌써 늦은 오후다.

돌아오는 길에 옛날 실크로드의 영화를 누리던 '아그지 카라반 세레이'에 들렀다. 12세기경 셀주크투르크 시절에 대상들의 교역 장소이면서 숙소이기도 했던 곳이다. 커다란 돌덩이를 쌓아 만든 건물이다. 큰 것에 익숙한 현대인의 눈으로 보아도 여전히 웅장한 건축물이다. 오랜 세월 덕에 웅장함에 고색까지 더하니 그 위용이 대단하다.

대문 앞에 양털 스웨터와 파시미나 따위를 늘어놓은 좌판이 보인다. 옛날 동서양의 문물을 주고받던 어느 거상의 후손일까. 찾는 사람 없는 좌판 앞에 젊지도 늙지도 않은 아낙이 무심히 앉아 있다.

건물 안쪽으로 들어가니 기둥마다 비둘기의 오물이 덮여 있고 바닥에는 깃털이 수북이 쌓여 있다. 잠시 어둑한 풍경 속에 서 있으니 옛날 이곳의 왁자함이 눈앞에 그려진다. 말 울음소리, 진기한 물건, 새로운 문화와 정보를 교환하는 상인들의 호탕한 웃음소리 그리고 손님을 맞아들여 먹이고 재우는 현지인의 잰 손길까지 눈에 보이는 듯하다. 모두 800년 전의 영화다. 지는 해를 받아 붉게 물드는 돌담을 뒤로하고 나오니, 발걸음에 아쉬움이 따라온다.

오늘 저녁은 어제 다녀온 식당의 바로 옆집 술탄식당이다. 작은 동네에서 달리 갈 곳도 없어서 공평히 돌아가며 식당을 순례하기로 했다. 아이들은 피자, 나는 감자 샐러드와 러시안 샐러드, 시몬은 양고기 케밥을 주문했다. 이들의 음식에는 케밥이라는 이름이 흔히 들어가는데 고기 요리를 말하는 것 같다. 역시 이 집도 화덕에서 직접 굽는 빵의 길이가 식탁 끝에서 끝까지 놓아도 남는다. 빵 좋아하는 지원이가 다 못 먹고 가서 아쉽단다. 독특한 모양과 엄청난 크기의 빵이 아마도 이 동네 식당가의 자랑인 것 같다.

커튼 사이로 보이는 밖이 벌써 어둡다. 해가 지니 온종일 나가 놀던 이 집의 개도 들어와서 난로 옆에 대자로 눕는다. 서울에서라면 어림도 없을 일 같은데, 사람 좋은 이곳에선 일상의 모습으로 보인다. 그 모습이 편안해 보여서 좋다. 여행은 돈, 건강, 시간 이중의 하나만 빠져도 어려운 일이다. 그리고도 내외로 우환이 없어야 가능한 일이다. 더구나 가족이 함께하기는 얼마나 어려운 일인가. 다행히 그런대로 여건이 갖추어진 처지가 감사하다. 아직 시작인 여행이 끝날까지 잘 이어지길 기도해 본다.

요정의 마을, 괴레메

월넛하우스의 청년은 정말 예쁘다. 또렷한 쌍꺼풀에 속눈썹은 붙인 듯이 길고 끝은 살짝 말아 올라간 것이 꼭 바비인형 같다. 까만 머리와 큰 눈, 사실 터키 사람들은 남자나 여자나 모두 예쁘게 생겼다. 오늘 아침엔 얼마나 날씨가 좋은지, 구름 한 점 없다고 시몬이 인사를 건네자 수줍게 웃는다.

이곳에서는 서비스 업종에서 여자들을 보기 어렵다. 식당에서도 모든 서비스는 남자들이 하며 호텔은 물론 심지어 동네의 조그만 가게도 점원은 모두 남자다. 이슬람 교리에 의한 이들의 가부장적 문화로 보이는데 참 특이하기는 하다. 사실 동네에서는 거의 여자를 볼 수 없다. 물론 시내의 거리에는 여자들이 많지만 대부분 수건을 두르고 있어서 이마 아래의 얼굴만 빠끔히 보일 뿐이다. 그야말로 베일에 싸여 있어서 그런지 터키 여자들은 하나같이 미인이다.

우리가 이번 여행 중에 만난 터키 사람들은 대부분 친절하고 소박하다. 시몬은 국민의 90퍼센트 이상이 이슬람교도인 이들의 순박한 심성은 종교의 영향이 클 것이라고 한다. 이 호텔도 청년이 혼자서 아침 식사 준비를 하는데 아이들이 빵을 좋아한다고 하자 아침에는 빵을 한 바구니 더 가져다준다. 식당에 있던 고양이가 안 보이길래 찾았더니, 함께 기르는 개와 하도 싸워서 살림집으로 보냈다고 한다. 아침 식사 후에 보니 아래층에 하얀 고양이 키티가 와 있다. 친절한 사람들이다. 이것저것 물어볼 것도 많고 하고 싶은 말도 많은데 마음대로 안 되는 영어, 아! 답답하다.

오늘의 일정은 괴뢰메 근처의 탐험이다. 9시에 메흐멧아저씨가 호텔 앞으로 왔다. 동네 토박이인 아저씨의 자상한 설명을 들으며 제일 먼저 간 곳이 마을 한가운데 우뚝 솟아있는 '우치사르'라는 바위산이다. 꼭대기에 올라가니 기암으로 덮인 마을의 전경이 한눈에 들어온다. 이렇게 신기한 곳에 사는 사람들도 있구나. 어제 멀리서 바라보던 바위를 오늘은 가까이서 본다. 멀리서 볼 때는 모두 고깔모자처럼 보였는데 가까이서 보니 버섯 모양, 낙타 모양 등 온갖 형태로 솟아있다. 분홍색, 흰색, 붉은색, 바위의 색깔도 다양하다. 요정이 사는 마을 같다.

이곳의 지층은 수억 년 전에 화산폭발로 형성된 것이며 이때의 화산재와 용암이 쌓여 응회암과 용암층을 만들었고 이후 풍화작용으로 침식되면서 단단한 부분만 남아 기묘한 형태의 바위가 되었다. 이곳의 지형은 지금도 계속 변하고 있어서 산같이 커다란 바위가 버섯 모양이나 고깔모자의 형상으로 변해가는 과정을 볼 수 있다. 오랜 시간의 흔적이기도 한 수천 개의 돌기가 광활한 대지 위에 기기묘묘한 형태로 군집해 있는 모습이 참으로 장관이다.

무수한 바위 돌기 중에서 사람들이 굴을 파서 마을을 이루고 살았던 곳을 찾아갔다. 지금은 '괴뢰메 야외박물관' '젤베 야외박물관'이라 이름 짓고 보호하는 구역이다. 이곳은 10세기 말에 이루어진 도시라고 하는데 유난히 교회가 많다. 제단과 무덤을 만들어 놓을 정도로 제법 형식을 갖추었고, 아치 기둥을 세워 천장을 받치고 천장의 돔에는 아름다운 그림을 넣어 화려하게 장식했다. 벽화도 그려놓았는데 방금 그린 듯이 선명한 것도 있다. 모두 단아하고 경건한 교회 건물로 손색이 없어 보인다. 입구에 사과나무가 있었다는 '사과교회', 벽화에 들어있는 사람이 샌들을 신고 있어서 붙여진 이름 '샌들 교회', 특별히 푸른색의 벽화가 아름답다고 알려진 '토칼르 교회' 등 수없이 많은 교회가 있다. 교회의 그림은 천년 전 은둔자들에 의해, 더구나 아무것도 여의치 못한 척박한 바위 동굴에 그린 그림이라기에는 너무나 따뜻하고 평화스럽다. 순수예술이란 이런 것을 보고 이르는 말이 아닐까 생각해 본다.

이곳의 바위는 보통 10층 아파트 정도의 높이로 보이는데, 안으로 미로 같은 길을 내고 층층이 방을 만들어 사용했다. 사실 바위라고는 해도 경도가 약한 사암이다. 무너지는 일이 없었을까 싶었는데 실제로 층간이 무너지는 일이 다반사였다고 한다. 바위 꼭대기에 있는 조그만 창이 낭만적으로 보인다. 그러나 당시 사람들의 위태롭고 불안한 삶을 생각하니 철없는 이방인의 마음 씀이 금방 미안해진다. 일교차가 큰 이곳의 기후로 보아서 밤에는 무척 추웠을 텐데 난방은 어떻게 했는지, 그리고 수직 절벽에 있는 출입구는 땅에서 꽤 올라가서 있는데 어떻게 드나들었는지 궁금하다.

항상 외부인을 침입을 두려워하며 살았던 그들의 처지가 안타깝게 느껴진다. 방앗간도 있고 수도원 수녀원 사제관 건물도 있다. 물론 여염집도 있는데 모두 형태가 다르다. 우리 보기엔 마냥 척박한 바위산의 도시에도 나름대로 질서와 문화가 있었다. 이들은 이슬람의 박해를 피해 모여든 가톨릭 신자들로 엄청난 수의 사람이 함께 일하고 함께 나누는 공동체를 이루고 살았다고 한다. 실제로 수십 명이 앉아서 식사할 수 있는 크기의 식당과 주방 시설이 곳곳에 있다. 또 많은 사람이 앉아서 회의하거나 담소할 수 있는 거실 같은 큰 방도 있어서 이들의 공동 생활양식을 잘 말해주고 있다. 다른 나라의, 그것도 옛날 옛적의 생활양식을 보는 것은 정말 흥미로운 일이다.

오후에 도예 마을 아바노스에 들렀다. 도예는 히타이트 시대부터 내려오는 이 마을의 전통 산업이라고 한다. 작은 도시의 거리가 집집마다 내어놓고 전시한 예쁜 도자기 덕분에 화사하다. 벽 전면에 빼곡하게 걸려있는 아라베스크 무늬의 접시들이 오래된 건물과 잘 어우러져 한 폭의 유화 같다. 한 가게에 들어가 보았다. 밖에서 볼 때는 아담한 크기로 보였는데 들어가 보니 안에는 미로로 이어진 동굴 방이 수없이 많다. 역시 카파도키아 지형의 특성을 잘 살린 주택이다.

방마다 아름다운 도자기가 그득한데 가격도 비싸고 가지고 다니기도 힘든 물건이라 눈요기만 한다. 지원이는 주인이 권하는 대로 직접 물레질을 해서 도자기를 만들었다. 보는 사람도 재미있고 만드는 아이도 재미있어 한다. 주인이 직접 담근 포도주라고 자랑스럽게 내주는 술까지 한 잔씩 얻어먹은 터라 그냥 나오기가 미안했지만 어쩌랴, 간단한 목걸이 두 개를 사서 나왔다.

파샤바 지역은 세 쌍둥이 버섯모양의 바위로 유명하다. 근처의 철제 주물 가게에서 금동으로 만든 주전자 하나를 샀다. 그리고 터키 여인들이 쓰고 다니는 보자기도 한 장 사서 우리 지원이 머리에 씌어 주었다. 예쁘기도 하고 이곳의 따가운 햇살을 가리기에도 안성맞춤이다. 말을 하지 못하는 아줌마의 좌판에서 레이스도 두 장 샀는데 아줌마가 손수 떠서 파는 것이라고 한다. 손으로 하는 대화지만 서로 잘 알아들은 것 같다.

5 시인데 한밤중이다. 잠시 서울 소식을 들으려 인터넷 카페에

들렀더니, 아이들이 모처럼 듣는 서울 소식에 신이 났다. 카페 건너편에 있는 카페트 가게가 환하게 등을 밝히고 있지만 어두워진 거리에는 오가는 사람이 없다. 이곳은 세계적인 관광지로 유명한 곳인데도 이들 이슬람 신앙의 영향 때문인지 흥청거리는 분위기가 전혀 없다. 술집도 없고 유흥가도 없으니 당연한 일이다.

  카페 옆의 식당을 찾았다. 그제부터 나란히 붙어 있는 이 동네의 레스토랑을 차례대로 순례한다. 나야 수프 한 그릇이면 되는데 성인이가 무엇인지도 모르는 음식을 용감하게 주문한다. 제왕의 식사가 이런 것일까, 철판 위에 양고기와 야채와 양념한 밥이 산처럼 쌓여 있고 그릇 아래로 파란 불꽃이 보이는 램프가 딸려 나온다. 보기에도 화려한 음식이다. 이것도 케밥의 일종이라는데 식구들이 맛있게 먹는다. 이 집도 다른 식당처럼 예의 큰 빵이 나온다. 빵의 거죽이 풍선처럼 부풀어 있다. 왜 이렇게 크게 만드는지 까닭은 모르겠지만 담백하고 맛이 있다. 너무 커서 다 먹을 수 없는 것이 흠이라면 흠인데 우리에게는 좋은 추억거리로 오래오래 기억날 것 같다.

  시원한 맥주까지 한잔 마시고 기분 좋게 식당을 나서는데 갑자기 피로가 몰려오며 조금씩 아프던 허리가 마구 쑤셔온다. 오늘 밤에는 안탈리아행 버스를 타고 10시간 정도 가야 한다. 중요한 일정을 앞에 두었는데 아무 바닥에나 눕고 싶을 정도로 허리가 불편하다. 해가 떨어지니 오슬오슬 춥고 열도 난다. 버스 시간까지는 좀 여유가 있어서 월넛하우스의 소파에 앉아 있었다. 눕고 싶은 마음이 굴뚝 같지만 차마 말을 못 하고 있는데, 시몬이 허리 아픈 마누라가 걱정이 되었는지 주인아저씨에게 양해를 구하고 소파에 누울 것을 권한다. 염치 불고하고 한 시간 정도 소파에 누워 있었다. 살 것 같다. 월넛하우스의 아저씨도 고맙고 시몬에게도 고맙다.

몇 번이나 인사를 하고 정거장으로 나오니 메흐멧 아저씨가 우리 떠날 시간에 맞추어 나왔다. 아저씨의 배웅을 받으며 카파도키아를 떠난다. 아저씨도 이 도시도 오래도록 그리울 것 같다.

지중해의 낙원, 안탈리아

월넛하우스에서 잠깐 휴식을 취하고 온 덕분인지 생각보다 수월한 열 시간의 여정을 보냈다. 워낙 낮 동안에 많이 걸어서 그랬는지 아이들도 시몬도 불편한 버스 좌석에서 밤새 잘 잔다. 다행이다. 어느새 차창 밖이 뿌옇게 밝아온다. 아침 7 시에 도착한 안탈리아 오토가르의 규모가 생각보다 크다. 온통 유리로 만든 터미널 건물의 유리창 너머로 파란 잔디밭이 보이고, 몇 그루의 오렌지 나무에 노란 열매가 탐스럽게 달려 있다. 하늘은 구름 한 점 없이 맑고 날씨는 따뜻하다. 지중해의 아름다운 휴양도시에서 하루 푹 쉬어 가자는 시몬의 말만 듣고 따라온 도시다. 그러나 택시가 호텔 근처의 골목길로 접어들기 시작하면서 이곳이 예사 도시가 아님을 알아챘다. 이렇게 특별한 도시를 무심히 입에 올린 시몬도 원망스럽고, 더 무심히 귀에 담은 나 자신도 원망스러운 순간이다.

호텔에 짐을 풀자마자 다시 거리로 나왔다. 이름처럼 아름다운 도시 안탈리아! 내일 아침 일찍 떠나야 한다는데, 갑자기 마음이 조급하다. 대문을 나서자마자 들고나온 점퍼가 거추장스럽다. 다른 사람의 옷차림을 보니 한여름이다. 그렇구나, 사철 온화한 '지중해성 기후'라고 하더니 한겨울 날씨가 이렇게 따뜻할 수도 있구나.

먼저 안탈리아 고고학 박물관으로 방향을 잡고 부지런히 골목을 따라 내려가다가 재미있는 광경을 본다. 비둘기집처럼 생긴 작은 집 앞에서 한 아저씨가 지나가는 관광객에게 연설을 하고 있다. 들어보니 그 집은 화장실인데, 아저씨가 지나가는 사람들에게 화장실을 이용하라고 세일즈를 하는 중이다. 사실 터키에서 불편한 사항이 있다면 화장실이 어디에서나 유료라는 점이다. 비싸기도 하지만 늘 잔돈을 챙겨야 하는 것도 번거로운 일이기 때문이다. 그러나 그 일은 우리 식구들에겐 또 다른 의미로 화제가 된다. 화장실 삐끼도 하는 영어, 우리도 못 할 것 없다. 성인이의 결심이다.

골목을 벗어나니 바로 지중해 파란 바다가 보인다. 얼마 걷지 않아서 뚝 떨어지듯 생긴 가파른 돌계단 밑에 작은 항구가 있다. 동네 골목 끝이 항구라니, 이미 이 도시에 마음을 뺏긴 나는 그것도 경이롭다. 오래된 성벽을 울타리처럼 두르고 있는 항구가 항구답지 않게 깔끔하다. 고기잡이배도 있지만 주로 해안선 일대의 관광을 시켜주는 요트의 정박지라 그런 것 같다. 한 요트맨이 와서 싼 값에 해안 관광을 제안하는데 바다가 무서운 나는 사절이다. 마침 우체국이 있어서 집 떠난 후 처음으로 서울로 전화를 건다. 선아 엄마가 받는다. 집 떠나올 때 맡겨놓은 우리 햄스터도 잘 있고 우리 집도 잘 있으니 걱정하지 말고 잘 다니라고 한다. 고맙다.

따가운 햇살을 받으며 다시 언덕을 올라가는데 교복을 입은 서너 명의 여학생이 우리를 보고 웃으며 손을 흔든다. 그리고는 스스럼없이 엄마가 만들어준 빵이라며 먹고 있던 걸 나누어 준다. 금발 머리를 나풀거리며 앞서 걸어가는 소녀들의 모습이 마냥 예쁘다.

제법 가파른 언덕을 올라가려니 덥고 힘들다. 힘들다고 하는 아이들을 데리고 언덕 위의 노상 카페에 앉았다. 파란 하늘과 푸른 바다가 한눈에 들어온다. 언덕 아래 항구와 뱃전을 맴도는 갈매기들이 한가롭다. 시원한 그늘에 앉아서 바다를 바라보니 신선이 부럽지 않다. 성인이가 바다 색깔이 다른 바다와 다르다고 감탄한다. 몹시 아름답다는 표현을 머스마답게 한다. 점심으로 간단히 소시지 빵과 함께 커피를 마시고 일어섰다.

해안선을 따라 한참을 걸어도 박물관이 나오지 않는다. 시계를 보니 벌써 12시가 넘어간다. 이 나라는 5시면 해가 지는데 마음이 조급하다. 박물관도 좋지만 도시 구경이 아쉬워 시몬을 졸라 다시 시내로 돌아서니 아이들이 더 좋아한다.

돌아서서 시내 쪽을 바라보니 멀리 동로마 시대의 교회였다는 빨간 벽돌로 쌓은 아울리 탑이 보인다. 터키의 국부라는 아타튀르크의 동상이 있는 광장에서 잠시 쉬며 아이들은 아빠에게 터키의 역사 이야기를 듣는데, 이 녀석들 건성 듣는 것 같다.

시내로 나와 먼저 시장 속으로 들어가 보았다. 휘황찬란한 금방이 성시다. 이곳은 안탈리아의 귀금속 전문 시장이란다. 금반지 하나 싸게 사볼까 싶어 들어갔는데 바로 생각을 접었다. 흥정할 생각을 하니 오늘같이 바쁜 날은 아무래도 시간이 금보다 비쌀 것 같아서다.

옷가게 구두 가게도 화려하다. 케밥 익히는 연기가 자욱한 음식 골목이 사람들로 붐빈다. 케밥은 이 사람들에게 가장 인기 있는 음식이다. 큰 칼을 들고 고기를 베어내는 요리사의 손놀림이 칼춤이라도 추는 듯이 요란하다. 신기하게 바라보는 나와 눈이 마주치자 씽긋 웃으며 아는 체를 한다.

여행사를 찾아 항공권 확인도 받고 환전도 했다. 부지런히 숙소로 돌아와서 얇은 옷으로 갈아입고 다시 나섰다. 골목 투어라고 이름 붙이고 앞장섰다. 골목은 작은 승용차 한 대가 겨우 다닐 수 있는 정도인데 양쪽으로 오래된 전통가옥이 죽 늘어서 있다. 돌로 지은 집, 나무로 지은 집, 하얀 회벽에 나무로 기둥을 세운 집 등등, 내게는 생경한 모습의 집이다. 이들의 양식이 터키의 전통을 따른 것인지 혹은 유럽이 가까운 지역 특유의 양식인지는 모르겠지만 하나같이 아름답다. 특별히 내 눈을 사로잡은 집이 있다. 건물의 이층 벽면을 튀어나오게 하여 창문을 달고 창 밑에는 굵은 통나무가 벽을 받치고 있다. 목조건물의 부드러움과 오랜 시간의 연륜이 얹어주는 고상한 아름다움이 내 마음을 사로잡는다.

어느 집은 금방이라도 무너져 내릴 것같이 낡은 모습 그대로 힘겹게 서 있다. 우리네가 한옥마을을 옛 모습 그대로 보존하려고 애쓰는 것처럼 이 나라 사람들도 이 동네 주택을 전통가옥으로 지정하고 관리하는 것 같다. 낡아도 집주인 마음대로 부수거나 수리할수 없는 보호구역 말이다. 덕분에 멀리서 온 나그네도 안탈리아의옛 모습 한 가닥을 보고 간다.

봄 한 철에만 꽃의 향연을 볼 수 있는 서울에서 온 나는 계절도모르고 만발한 이곳의 꽃 잔치가 마냥 신기하다. 골목 모퉁이의 삼층집은 옥상에서 내려온 보라색의 꽃나무 줄기가 온통 집을 가리고 있다. 어느 집이나 창문마다 담장마다 탐스런 꽃이 흐드러지게피어 흘러내린다. 어려서 부르던 노랫말이 저절로 떠오른다. '울긋불긋 꽃 대궐 차린 동네', 내 고향의 봄은 아니지만 이 동네의 '꽃대궐'이 오래도록 그리울 것 같다.

살짝 들여다보이는 집안의 모습이 주부의 호기심을 자극한다.어느 집이나 대문을 열면 작은 뜰이 먼저 보이는데 내 눈에는 조그만 그 터가 비밀의 화원같이 보인다. 얼핏 보이는 실내의 모습도집주인의 개성에 따라 치장이 다양하다. 아기자기 귀여운 집, 귀족적인 우아함이 넘치는 집, 고풍스러운 분위기의 집, 모두가 자연스럽고 편안하다.

내 보기에는 이 골목에 서로 어울리지 않는 것은 없다. 권위라든가 과시의 느낌은 찾아볼 수 없다. 모두가 다른데 하나도 아름답고 전체도 아름답다. 이상하게 남의 집 '문'에 관심이 많은 나는 이들의 다양한 '문 치장'도 놓치지 않는다. 집 앞에 걸려있는 등도 하나마다 주인의 개성대로 맘껏 치장한 채 골목의 낭만을 돋구어 준다.

지금은 골목의 집들이 여염집이 아닌 여행자를 상대로 한 레스토랑이나 숙소 또는 카페트나 도자기를 파는 가게로 꾸며져 있는데 조금도 상업구역의 번거로움이 느껴지지 않는다.

문지르면 거인이 나올 것 같은 램프, 은쟁반과 금주전자, 호리병, 옛날이야기에서 금방 나온 듯한 물건들이 돌담 앞의 좌판에 놓여 있다. 길거리 벽에 세워 놓기도 하고 집안에 걸어 놓기도 한 카페트 가게, 금속과 보석을 함께 엮어 만든 목걸이 가게, 터키의 전통 신발과 옷가지를 파는 집, 가지가지 모양과 화려한 색채의 도자기 집, 온갖 색의 과일을 예쁘게 진열해 놓은 노상 과일가게, 종류도 많고 물건도 많은데 골목의 모든 것이 한 폭의 유화처럼 조촐하다.

어느 집 대문 앞에 주름진 얼굴의 노파가 지팡이를 짚은 채 우두커니 앉아있다. 액자에 담으면 그대로 미술관의 그림이 될 것 같다. 사거리의 잡화가게 건너편에서는 할아버지 몇 분이 장기를 두며 담소한다. 그 옆에 고양이 가족이 놀고 있다. 지원이가 부르니 빤히 쳐다보다가 모두 숨어 버린다.

그림 같은 풍경의 골목길을 걸어 내려오니 끝자락에 눈부시게 반짝이는 바다가 나타난다. 지중해다. 바다가 지는 해를 받으며 수평선 위에서 금빛으로 빛나고 있다. 특이하게도 수평선 너머로 겹겹이 산이 보이는 이 바다는 야자수 우거진 카라알리오올루 공원과 이어져 있다. 카라알리오올루 공원은 지중해의 화려한 풍광과 울창한 야자나무 숲의 조화로움 덕분인지 터키에서 가장 아름다운 공원으로 소문나 있다.

공원에서 나오는 길이 시가지로 이어진다. 시가지 역시 화려하고 활기가 넘친다. 넘치는 인파를 따라 야자나무 우거진 길을 내려오니 아드리아누스 문이 보인다. 섬세하고 우아한 조각으로 장식을 한, 세 개의 아치문이 있는 건축물이다. 130년에 아드리아누스 황제가 만들었다고 하니 거의 2000년의 세월을 안고 있는 셈이다. 처음에야 대리석의 위용이 대단했겠지만 오랜 시간의 풍상을 다 피할 수는 없었는지 화려한 빛도 잃고 귀퉁이마다 조각이 떨어져 나갔다. 안타까운 마음으로 부서진 곳을 채워서 본다. 그 앞에 아이들을 세우니 예쁘다. 시몬과 나도 그 앞에서 사진 한 장을 남긴다.

아쉽게도 해가 진다. 저녁은 낮에 보아 둔 항구 위의 카페에서 먹기로 했다. 바다가 보이는 카페의 뜰에 자리를 잡았다. 해가 지니 정원에 등을 밝혀준다. 넘어가는 해를 받으며 빛나던 바다는 곧 검게 변하고 대신 작은 배의 등불이 반짝거린다. 언덕 아래 항구에는 배마다 밝힌 등이 불야성을 이루고, 건너편 언덕 도심의 가로등은 별처럼 반짝거린다. 간단한 음식과 맥주를 주문하니 영화 대부에서 본 듯한 잘 생긴 청년들이 바쁘게 잔디밭을 오가며 음식을 나른다. 종일 걸어 다녀 갈증이 나는 터에 터키의 맥주, 에페스의 맛이 환상이다. 화려한 저녁이다.

목화의 성, 파묵칼레

하루 만에 나의 유토피아가 되어버린 도시, 안탈리아를 떠난다. 이곳에다 허름한 집 한 채 사서 펜션을 차리고 살았으면 좋겠다. 사철 온화한 기후는 사람의 마음도 따뜻하게 만드는지, 나도 다정한 이 사람들 사이에 섞여 살며, 뿌리만 묻어 놓으면 지천으로 피어나는 꽃을 마당 가득 심고, 장미넝쿨 올라오는 창가에 앉아 바다를 바라보고 싶다. 세계 곳곳에서 온 나그네를 맞아들여 그들과 담소하며 친구하며 살고 싶다. 허황한 상상을 하며 새벽같이 안탈리아 오토가르에서 파묵칼레행 버스를 탄다.

10시간짜리 여행을 여러 번 해서 그런지 다섯 시간쯤 간다는 얘기가 편하게 들린다. 역시 사람은 길들기 나름이다. 버스는 데니즐리로 향한다. 이제 겨우 아나톨리아 고원의 황량한 벌판에 익숙해

졌는데 이곳 지중해 연안의 땅은 초록 일색이다. 눈에 보이는 모든 평원은 초록으로 덮여있고, 이곳의 기후에는 오렌지 농사가 잘 맞는지 길가의 밭에는 오렌지 나무가 숲을 이루고 있다. 짙푸른 나무마다 황금색 오렌지 열매가 탐스럽게 열렸다. 그 모습이 카드 속의 크리스마스 나무처럼 앙증맞다.

11월 하순이면 우리나라는 산과 들이 얼어붙기 시작하는 겨울의 문턱이건만 이 사람들의 들판에는 오렌지 향기가 가득하고, 넓디 넓은 평원에는 푸성귀 농사가 한창이다.

데니즐리에 도착해 돌무쉬라 부르는 미니버스로 갈아타고 그리 오래 가지 않아서 파묵칼레에 도착했다. 집요하게 따라오는 호텔 삐끼 아저씨를 투어리스트 폴리스의 도움으로 물리치고 동네에서 입심 좋기로 소문난 무스타파 아저씨네 모텔을 숙소로 정했다.

늦은 점심을 아저씨네 식당에서 먹는데 동양인 청년이 문을 열고 들어오더니 "안녕하세요" 한국말로 인사한다. 혼자 여행하는 우리나라 청년이다. 반갑고 대견하다. 얼굴도 까맣게 타고 체구도 마른 듯하여 또래의 아들을 둔 아줌마의 눈에는 그 모습이 애처롭다. 혼자 다니는 여행이 어디 즐겁기만 할까. 쓸쓸할 때도 있고 힘들 때도 있겠지. 오늘 파묵칼레를 떠난다고 한다. 점심이라도 한 끼 사주고 싶어서 점심값은 우리가 낼 테니 맛있는 것 많이 먹고 가라고 했는데 저녁에 와서 보니 간단한 샐러드만 먹고 갔단다. 내 마음이 또 짠하다.

점심 식사 후 바로 산책을 나섰다. 그런데 이게 웬일인가. 방금 초록색 들판을 보며 왔는데 눈앞에 거대한 빙벽이 나타났다. 큰 폭포가 그대로 얼어붙은 모습이다. 그러나 그건 이방인의 상상이다. 사실은 산꼭대기에서 따뜻한 온천수와 함께 흘러 나온 석회 성분이 점차로 굳어져 산 전체를 하얗게 뒤덮고 있는 것이다.

지금도 석회붕 위로 계속 석회수가 흐르고 있어 수량이 좀 많은 곳은 폭포수처럼 보인다. 파묵칼레란 터키말로 '목화의 성'이라고 한다. 그런데 실제로 발바닥에 느껴지는 석회붕의 감촉은 거칠고 딱딱하다. 뾰족하게 솟은 돌기가 발바닥을 콕콕 찌르기도 하는데 아직 석회가 굳지 않아 부드럽게 질퍽거리는 웅덩이도 있기는 하다.

이곳은 석회붕이 손상되지 않도록 신발을 벗고 들어가야 한다. 발바닥에 힘을 빼고 걸으려니 모두 오리처럼 엉덩이를 쭉 빼고 걷는다. 곳곳에 물줄기가 석회붕을 패이게 하여 꼭 수영장처럼 보이는 웅덩이가 계단처럼 이어져 있다. 여름에는 여행자들이 이곳에서 수영도 하고 석회팩도 하며 법석을 떨기도 한단다. 우리도 얕은 웅덩이에 들어가 자박자박 걸어 보았다. 미지근한 물 속에서 발바닥에 닿는 까슬까슬한 석회의 느낌이 좋다. 아이들과 나는 이곳의 사진을 찍어가서 북극까지 다녀 왔노라 하자고 실없는 약속을 했다. 사실 북극이 아니라고 말하기가 더 어려운 이곳의 이상한 풍경은 그저 자연의 신비라 말할 수밖에.

그렇게 정상에 다다르니, 성벽도 허물어지고 대부분 건물은 매몰되어 완전한 형체는 알 수 없지만 남아 있는 잔해로만 보아도 거대한 도시였음이 분명한 도시의 유적이 나타났다.

아직 발굴 중이어서 그런지 자세한 안내문이 없는 것이 아쉬웠는데, 서울에 와서 얻은 정보로 그나마 궁금증을 푼다. 도시의 이름은 히에라폴리스이다. 기원전 2세기경에 페르가몬 왕국의 에우메에스 왕이 건설한 것으로 전해지며, 그 이름은 페르가몬의 전설적인 시조인 레포스의 부인 히에라의 이름에서 따왔다는 설도 함께 전해지고 있다. '히에라'는 성스러운 도시라는 의미라고 한다.

기원전 133년에 페르가몬 왕국은 로마의 아탈로스 3세 왕에 의해 정복된다. 그러나 악명 높은 이 지역의 지진이 티베리우스 황제 시절에 히에라폴리스를 파괴한다. 네로 황제 시절인 60년에 또 한 차례 큰 지진이 있었는데 이 지진은 도시를 다시 건설하는 계기가 되기도 한다. 이후 몇 차례의 지진에도 불구하고 히에라폴리스는 2세기와 3세기에 걸쳐 가장 번성하였으며 원래의 그리스적인 양식에서 벗어나 완전히 로마화 되었다.

금속과 석공 기술이 발달했으며 카페트와 섬유가 유명했다. 콘스탄티누스 대제는 4세기경에 이 도시를 프리기안 지역의 수도로 삼아 그리스도교를 전파했다. 이 지역은 80년에 이미 사도 필립보가 순교한 곳이다. 후일 비잔틴 시대에 성 필립보 교회가 세워졌다.

12세기 말경에 셀주크트루크가 히에라 폴리스를 점령했으나 그 기간은 길지 않았다. 도시는 다시 비잔틴에 의해 회복되었으며 비잔틴의 지배가 끝나는 14세기 이후로 더 이상 도시에 대한 기록은 없다.

흙 속에 묻혀있는 거대한 도시 히에라폴리스, 곳곳에 남아 있는 건축물의 잔재가 무수한 지진과 험난한 역사를 말해준다. 처연하다. 나지막한 산을 바라보며 구릉의 들판에 세워진 옛 도시의 터에는 발굴된 도시의 유물인 거대한 돌덩이로 가득하다. 당시의 돌을 다루는 솜씨가 얼마나 뛰어났는지 돌기둥 하나마다 당시의 유행양식에 따라 코린트, 도리아, 이오니아식 따위의 화려한 조각이 섬세하게 들어가 있다. 이 지역의 대리석은 질이 좋기로 유명해서 콘스탄티노플의 아야 소피아 건축에도 이용되었다고 한다.

멀리 언덕 끝에 제법 온전해 보이는 건축물이 보인다. 너른 들판을 가로질러 그쪽으로 가는 도중에 시몬과 성인이가 사라졌다. 언덕을 향해 큰 소리로 두 남자를 불러보았지만 대답이 없다.

난감한 터에 유적 안내 책자를 파는 터키 청년이 우리를 불러서 묻는다. 똑같이 생긴 두 남자를 찾느냐고. 그렇다고 했더니 언덕 위로 올라갔다고 친절히 가르쳐 준다. 미심쩍어서 두 남자의 얼굴이 크고 네모가 났더냐고 물었더니 청년은 틀림없다고 대답한다. 고맙다는 인사를 하고 부리나케 언덕으로 올라가니 '쎄임 투 맨'이 거기 있다. 우리는 조금 전 청년의 말을 전하며 박장대소했다. '얼굴이 크고 네모가 났으며 똑같이 생긴 두 남자' 이것이 시몬과 성인이가 국제적으로 인정받은 인상착의다. 한 남자는 순순히 받아들이고 한 남자는 떨떠름한 표정이다.

우여곡절 끝에 찾아간 언덕의 건물은 놀랍게도 원래의 모습에 가깝게 보존된 원형 극장이다. 대리석으로 만든 관중석은 2만의 관중을 수용할 수 있다고 하는데 2천여 년의 세월이 믿어지지 않을 만큼 보존상태가 좋다.

훌라비우스 황제 재위 기간에 만든 것으로 추정되며 60년의 지진 후에 재건되었다고 한다. 극장의 무대가 화려하기 이를 데 없다. 무대는 삼층 정도 높이의 대리석 구조물로, 화려하게 조각된 기둥이 받치고 있고 사이사이에 신의 조각상으로 장식했다. 조각상이 일부 훼손되기는 했지만, 옛날의 화려함과 아름다움을 짐작해 보기에 부족함이 없다.

아나톨리아 지방에서는 조각상이나 장식품이 히에라폴리스처럼 원래의 유적지에서 발견되는 것은 특별한 일이라고 한다. 덕분에 조각상의 상태가 이 정도 훼손에 그쳤는지 모르겠다. 옛날 이들의 주인이 그랬던 것처럼 관중석에 앉아 보았다. 피부에 닿는 대리석의 느낌이 차다. 2만의 관중을 불러 모았던 화려한 무대와 그들의 환호 소리를 상상하며 이 도시의 규모를 짐작해 본다. 대단한 도시다.

작은 언덕을 넘으니 무덤 '네크로폴리스'가 있다. 터키에 남아 있는 것 중에 가장 보존이 잘된 고대의 묘지라고 한다.

후기 그리스 시대부터 초기 그리스도교 시대까지 쓰였던 무덤이라고 하니 당연히 무덤의 양식도 다양하다. 아치형의 돌무덤, 사각형의 돌무덤 등 여러 가지 무덤의 형태만큼이나 다양한 사람들이 이곳 히에라폴리스의 역사를 만들어 온 것이다.

풍요롭고 아름다운 땅에 세워진 고대 도시 히에라 폴리스. 그 안에 평화와 행복만 있었으면 좋았을 것을, 예나 지금이나 인간의 역사서에는 행복보다 분쟁의 기록이 많다. 인간에게 완전한 행복과 평화는 요원한 꿈에 지나지 않는 것일까.

해가 진다. 따갑던 햇볕이 사라지니 금방 서늘해진다. 언덕에 있는 휴게소를 찾으니 빈자리가 없을 만큼 붐빈다. 이곳은 온천장이 있는 유명한 호텔이란다. 시간이 있으면 이곳의 이름난 석회수 온천을 하고 싶지만 어두워지기 전에 석회붕을 내려가야 할 처지라 콜라 한잔 마시는 여유로 만족해야 한다. 그런데 산꼭대기에 웬 고양이가 이리도 많을까. 테이블마다 고양이가 매달려 재롱을 부린다.

산에서 내려와 숙소로 돌아오니 무스타파 아저씨가 반갑게 맞아준다. 아저씨는 얼마나 뚱뚱한지 불룩 나온 배가 풍선 같다. 금방이라도 터질 것 같다. 키도 크고, 덩치도 천하장사다. 장난기가 가득한 눈동자를 이리저리 굴리면서 이야기를 시작하면 그칠 줄을 모른다. 얼마나 재미있는지 말하는 아저씨나 듣는 사람이나 모두 십년지기나 되는 듯이 머리를 맞대고 이야기에 빠져든다.

식당에 앉아 저녁을 주문하니 아저씨가 의자까지 가지고 와서 우리 옆에 자리를 잡는다. 그리고는 우리 식구의 신상 조사를 한다음 자신의 이야기를 본격적으로 풀어놓는다. 아저씨는 이곳에 머무는 각국의 아줌마에게 자기랑 결혼하자는 황당한 농담을 던져보는 게 취미라며, 그때 반응하는 일본, 중국, 미국 등등 온 세상 아줌마와 아가씨의 흉내를 낸다. 초면인데도 불구하고 너무 웃겨서 숨이 넘어갈 뻔했다. 아저씨가 나보고 일본사람 같다고 한다. 눈꼬리가 내려갔고 웃을 때 입을 가리고 웃는 것이 근거라고 주장한다. 물론 오늘 나의 반응도 이후 아저씨의 입담에 추가될 것이다. 내가 감탄한 나머지 "정말 잘도 따라 한다"고 했더니 아저씨가 바로 그 말을 따라 하는데 한국말 발음이 정확하다. 천부적인 개그맨이다.

주문한 음식이 나왔는데도 아저씨는 일어설 기색이 아니다. 오히려 음식 맛이 어떠냐고 넌지시 물으며 이야기를 끌어간다. 인사치레가 아니고 정말 맛있다. 밥알이 뭉근히 남아있는 쌀 수프가 내 입맛에 잘 맞는다. 독특한 향이 나길래 향신료의 이름을 물어보았더니 아저씨는 자기네 주방에서 한 삼 년 일하면 가르쳐 주겠노라고 능청을 떤다. 아저씨가 추천한 파묵칼레 케밥은 닭 살을 튀겨 토마토가 들어간 양념에 버무린 것 같은데 내가 먹어본 터키 요리 중 최고로 맛있다.

아저씨는 아예 눌러앉아서 마치 한 식구처럼 식사 참견을 한다. 저만큼 앉아 있던 아줌마가 은근히 눈치를 준다. 마지못해 아저씨가 일어나자 아줌마가 얼른 와서 아저씨 의자를 가져간다. 손님에 대한 배려인 것 같다.

우리 식사가 끝나갈 무렵 아저씨네 식구도 저녁 식탁을 차린다. 주방일을 보던 아들과 며느리, 나가 놀던 손주 손녀, 다니러 온 둘째 아들 내외까지 둘러앉으니 대가족이다. 터키는 아직 대가족 형태의 가족 구성이 많다고 들었는데 이 집이 그렇다. 식사를 마친 가족이 벽난로 앞에 앉아 차를 마시며 담소한다.

그런데 이들의 대가족 제도에는 고부 갈등이 없을까? 아마 없는 것 같다. 아들이 주방일을 하고 며느리와 시어머니는 함께 차를 마신다. 그 모습이 너무도 편안하고 자연스러워 보여서 이렇게 결론을 내리기로 했다.

"터키는 며느리의 인권을 존중하는 나라이다. 그러므로 대가족제도를 영위할 자격이 있다."

아르테미스 여신의 도시, 에페스

아침부터 날이 꾸물거리더니 셀축으로 향하는 버스의 차창에 빗방울이 떨어지기 시작한다. 그동안 따뜻하고 맑은 날씨 덕분에 편하게 다녔는데 집 떠나 처음으로 비를 본다. 빗물 따라 흐려지려는 마음을 애써 추스르고 촉촉하게 적셔지는 푸른 들판을 바라보며 여수에 젖어든다.

터키는 우리나라 면적의 여덟 배 가까이 되는 넓은 나라라고 하더니, 정말 지역에 따라 자연환경이 다르다. 내륙지방의 아나톨리아는 온통 황량한 벌판만 있는 것처럼 보이더니, 이쪽 지중해 연안의 들판은 온통 초록이다. 우리나라 오월의 들녘처럼 싱그럽다. 차창으로 보이는 길가의 과수원에 잘 익은 오렌지가 주렁주렁 달려

있다. 노란색 오렌지가 비 오는 날의 어둑한 숲에서 등불처럼 밝게 빛난다.

넓디넓은 목화밭에는 아낙들이 한밭 가득 들어앉아 목화 따기에 한창이고, 빈 밭에는 한 무리의 양이 웅성거리며 마른 목화줄기를 뜯고 있다. 멀리 보이는 수풀 사이로 제법 내리는 비를 맞으며 한 무리의 젖소와 까만 염소들이 어디론가 가고 있다. 지팡이 하나로 이들을 몰고 가는 할아버지의 구부정한 뒷모습이 편안해 보인다. 모두 이국의 풍경이다. 땅도 넓고 기후도 좋은 이곳의 들판을 바라보니 부럽기 그지없다.

그런데 아름답고 경이로운 이국의 땅을 바라보는 내 마음 한편에 작은 그리움이 솟아난다. 땅덩이 작은 나라에 웬 산이 이리도 많으냐고 타박을 놓았었는데, 안 본 지 얼마나 되었다고 그 산들이 보고 싶다. 영주 부석사 앞마당에서 본, 겹겹이 산마루가 포개진 소백산 자락이 생각난다. 변덕스러워서 맑은 하늘에도 곧잘 빗줄기를 퍼붓고, 시도 때도 없이 안개가 들락거리는 설악산도 떠오른다. 산과 계곡을 따라 이어져 있는 우리나라의 길은 얼마나 아름다운가. 지금쯤은 앙상한 가지로 남아 봄을 기다리고 있을 우리나라의 아기자기한 풍경이 모두 그립다.

잠시 본 터키는 땅도 넓고 평야도 많은데 지중해 연안을 뺀 아나톨리아 지방은 대체로 물이 귀한 것 같다. 그저 모래언덕 정도로 보이는 산에는 백설기에 콩 박히듯 점점이 보이는 작은 나무들이 있을 뿐이다. 초목이 없으니 계곡도 없다. 황량한 벌판을 달리다가 가끔 나무가 줄지어 서 있는 것을 보면 주변에 작은 냇물이라도 흐르고 있다. 물이 수풀을 만들고 수풀은 물을 만드는 평범한 진리를 이곳에서 다시 깨닫는다.

5시간을 달려 셀축에 도착했다. 이 도시의 유적지인 에페소는 옛 로마 제국 소아시아의 수도였다. 로마제국의 유적 중에 가장 보존상태가 좋은 곳이 터키라고 한다. 더구나 소아시아의 수도였다니 큰 기대를 안고 온 도시다. 역사적인 도시와의 조우는 유감스럽게도 세찬 비바람 속에서 이루어졌다. 빗속에서 숙소를 찾아 시내로 가는 길에 이 지방의 대표적 아이콘인 아르테미스 여신상을 만났다. 듣던 대로 여신은 풍요와 다산의 상징인 여러 개의 젖무덤을 자랑하며 도시 한가운데 우뚝 서 있다.

억수같이 쏟아지는 빗속에서 숙소를 찾아 들었다. 호텔은 비수기 철을 맞아 내부 수리를 하는 모양인데 아직 정리가 덜 된 상태인지 어수선하다. 춥다고 했더니 커다란 이동식 전기난로를 가져다준다. 저녁에 젖은 옷을 말리려면 유용하게 쓰일 것 같다.

대충 젖은 옷을 닦아내고 작은 배낭을 꾸려 나와서 오토가르의 식당에서 점심으로 양고기 꼬치구이를 주문했다. 양꼬치구이가 맛있다고 소문이 난 식당인데 옆자리의 손님 테이블에 수북이 쌓인 빈 꼬치를 보니 헛소문은 아닌 것 같다. 우리 식구도 맛있다고 하는데, 고기를 좋아하지 않는 나는 얼큰한 김치찌개에 하얀 쌀밥 생각이 간절하다. 신발은 다 젖어 물이 꿀쩍거리고 겉옷 자락에서는 물이 뚝뚝 떨어지니 춥고 을씨년스럽다. 심란한 마음을 뜨거운 애플차 한잔으로 달래고 일어나 박물관으로 향한다.

먼저 세계의 7대 불가사의 중 하나라는 아르테미스 신전을 찾았다. 그러나 당시 아테네의 파르테논 신전보다 두 배나 더 크고, 일곱 번 파괴되고 일곱 번 재건 했다는 역사적 사실이 허무할 만큼 남아 있는 흔적이 미미하다. 무심해 보이는 밭 한가운데 몇 개의 돌무더기와 발굴해 맞추어 놓은 기둥 하나가 전부이다.

아르테미스 신전은 기원전 6세기 중엽에 리디아왕 크로이소스 때부터 세우기 시작해 120년이나 걸려 완성된다. 높이 20m의 대리석을 깎아 127개의 이오니아식 기둥을 세우고 지붕을 이어 만들었는데, 이집트의 피라미드를 비롯해 세계적인 걸작에 견줄 만큼 훌륭한 건축물로 역사가들의 평가를 받았다고 한다. 그러나 안타깝게도 기원전 356년에 불타 버리고 다시 기원전 250년경에 신전 복원을 완성한다. 당시에 수많은 조각가의 솜씨로 완성된 신전은 엄청난 규모와 화려함이 전 세계에 알려져서 에페스 항구는 관광객을 태운 배와 상인으로 넘쳐났다고 한다.

1세기 중반 무렵, 예수의 제자들이 모두 예루살렘에서 추방당하자 사도 바울은 이곳 에페스를 방문하여 그리스도교 전파에 전력을 다한다. 당연히 에페스의 여신을 모시는 아르테미스 신전은 그리스도교인의 눈에는 우상숭배의 전형적인 형태로 보였다. 때문에 그리스도교인들과 에페스인들의 충돌은 불가피한 일이었다. 그 이야기가 성서의 사도행전에 기록되어 있다.

"이 무렵의 에페스에서는 그리스도교 때문에 적지 않은 소란이 일어났다. '더메드리오'라는 은장이가 은으로 여신 아르테미스의 신당 모형을 만들어 직공들에게 큰 돈벌이를 시켜주고 있었다. 그런데 바울로라는 자가 사람의 손으로 만든 것은 신이 아니라면서…"라고 당시의 에페스의 혼란과 소동을 소상하게 그리고 있다. 그러나 에페스 사람들에게 대지의 어머니로 추앙받아온 아르테미스의 신전은 안타깝게도 260년경 유럽에서 아시아로 이주해온 고트인에 의해 철저히 파괴되었다.

19세기 중반 영국의 고고학자에 의해 발굴되기 전까지 이 엄청난 역사의 현장은 폐허조차 보여주지 않고 흙더미 속에서 잠자고 있었다. 성서의 이야기라고 해도 어찌 전설처럼 떠돌지 않을 수가 있었으랴. 울타리 너머로 2000년 전의 신전을 바라보며 마을 사람의 아우성과 사도 바울의 목소리가 지금이라도 들려올까 귀 기울여 본다. 그리고 성서 속의 마을에 서 있는 꿈 같은 현실을 깊은 감동으로 마음에 담는다.

세차게 내리는 빗속을 걸어 시내 중심가에 있는 에페스 박물관으로 향한다. 에페스 유적지는 맑은 날에 둘러 보기로 하고 비 오는 오후는 박물관에서 보내기로 했다. 박물관은 여느 박물관의 고풍스러운 느낌과는 달리 현대의 어느 갤러리같이 아담하고 산뜻한 분위기다.

이곳에는 에페스 유적지에서 발견된 각종 조각상과 생활용품 등 약 천여 점의 출토물이 발굴장소의 복원지도와 함께 전시되어 있어서 마치 발굴현장에서 직접 보는 듯한 흥분감마저 느껴진다.

아르테미스 여신상 앞에 섰다. 대리석으로 만든 조각상은 높이가 2.8m나 된다니 보기에도 엄청 크다. 가슴엔 다산과 풍요의 상징인 유방이 무수히 달려 있고 치마폭엔 사자와 염소와 말 따위의 짐승이 부조로 둘려 있다. 기묘한 형태의 조각상이다. 오로지 자연에 의지해 살아야 하는 사람들의 소박한 염원이 고스란히 담겨있다. 그들 삶의 고단함이 2000년의 세월을 훌쩍 뛰어넘어 내게도 전해져 온다.

전시관을 돌아 나와서 휴게실에서 차를 마시는데 놀랍게도 파묵칼레에서 만났던 학생이 다가와 인사를 한다. 얼마나 반가운지 같이 차 한잔하려고 하는데 시몬이 만류한다. 혼자 자유롭게 여행하는 사람을 부담스럽게 하지 말자는 게 그 이유다. 말리는 시몬이 못내 서운하다. 따뜻한 커피 한 잔 나누어 먹는 정다움을 시몬은 모르는 모양이다. 비가 오니 날이 금세 어두워진다.

4시면 문을 닫는다는 박물관에서 나와 바로 옆의 사도요한 성당으로 올라가니 그곳도 문 닫을 시간이 되었다. 날은 저물고 빗줄기는 점점 굵어진다. 언덕을 내려와 젖은 채로 호텔 앞의 작은 식당에 들어갔다. 피자를 주문하니 아저씨가 피자 반대기를 손수 만들어 갖은양념을 얹는다. 그리고 벽의 화덕에 넣어 정성스럽게 굽는다. 장작을 태워 화덕을 달구니 화덕의 벌건 모양새가 근사하다. 그런데 피자맛이 이상하다. 피자에 웬 계란? 계란을 얹은 피자의 맛이 우리 입맛에는 영 안 맞는다. 기대가 컸기 때문일까, 아이들의 실망이 크다. 미안하게도 피자를 다 남기고 나온 우리는 바로 옆의 케이크 가게에서 행운을 만났다. 의자 하나 놓을 곳 없이 작은 빵집인데 맛있는 과자와 케이크를 판다. 값이 서울의 절반도 안 되니 기쁨은 두 배다. 과자와 생크림 케이크를 한 보따리 샀다. 지원이가 제일 좋아한다. 아직도 내리는 비, 내일은 맑았으면 좋겠다.

에페스에서 로마를 보다

어제 밤 늦도록 신발은 헤어드라이어로 말리고 옷은 전기 히터 위에 올려놓고 이리저리 말리다 잠이 들었는데 아침에 일어나 보니 말끔히 말랐다. 창문을 열어보니 구름 한 점 없이 맑게 개어 있다. 이렇게 좋을 수가! 호텔 앞의 분수대에는 어제 종일 내린 빗물이 모여 수조 꼭대기까지 찰랑거린다. 꼭 유리창을 덮어놓은 것 같다.

그 옆으로 로마 시대에 수로로 건설한 기둥이 마을의 집 사이사이로 이어져 있다. 말이 수로지 붉은 벽돌로 쌓아 올린 거대한 구조물이다. 웅장하고 고색창연한 문화재가 아무렇지도 않게 마을에 섞여 있는 것이 내 마음을 사로잡는다. 수로의 기둥 위에 작은 새 한 떼가 앉아 있다. 밤새 어찌나 시끄럽게 울어대던지 잠을 설쳤다. 우는 소리가 하도 거칠어 생긴 것도 밉상일 줄 알았더니, 모습은 우리나라 참새처럼 작고 귀엽게 생겼다.

작은 거리가 새벽부터 술렁거린다. 이슬람의 가장 큰 축제인 라마단이 오늘부터 시작이라고 한다. 이슬람 신자들은 라마단 기간에는 해 뜨기 전과 해가 진 이후에만 음식을 먹는다. 낮에는 물 한 모금도 먹지 않는다니 한 달씩이나 예삿일이 아니다. 물론 여행자는 예외다. 우리도 오늘 저녁에는 이스탄불로 다시 가야 하므로, 새벽같이 일어나 배낭을 꾸려 호텔 로비에 맡겨 두고 체크아웃을 했다.

드디어 터키뿐 아니라 전 세계에 남아 있는 로마 시대의 유적지 중 최고라고 불리는 에페스 유적지로 향한다. 이 도시의 정확한 기원은 전해지지 않는다. 다만 기원전 10세기경에 옛 도시의 터에 그리스 식민도시로 건설되었다고 한다. 고대 그리스 시대에는 이오니아 동맹 12 도시 중 하나에 속하였고, 가장 번성한 시기는 기원전 129년에 로마에 속하게 된 이후이다.

항구 도시인 에페스는 동서를 연결하는 지리적 특성으로 정치와 경제의 중심지로 부상하며 활발한 교역으로 중동지방의 부를 독점하게 된다. 풍부한 경제력을 바탕으로 문화와 예술을 향유할 수 있었으며 로마의 소아시아 지역 수도로 이름을 떨친다.

1세기경 사도 바오로 시대만 해도 유적지 바로 앞까지 배가 드나드는 항구 도시였으나 이 지역의 잦은 지진으로 인해 점차 해안이 매립되어 내륙지방이 되었다.

1세기에 예수의 제자들이 예루살렘에서 추방당하자 사도 바울은 2~3차 전도 여행을 이곳 에페스로 와서 적극적인 선교 활동을 했다. 전승에 따르면 사도 요한은 예수의 사후에 성모마리아를 모시고 이곳으로 와서 여생을 보내면서 활발한 선교 활동과 요한복음을 집필하기도 했으며, 이곳에서 생을 마감하고 묻혔다고 한다. 후일 그의 무덤 위에 교회를 세운 것이 사도 요한 교회이다.

4세기경에 에페스는 소아시아에서 그리스도교의 중심지가 된다. 431년 에페스 종교회의에는 200여 명의 주교가 모여 성모마리아의 신학적인 위치에 대한 중요한 결정을 내리는데, 마리아를 '신의 어머니'로 정의하고 이에 관한 논쟁을 끝낸다.

7~8세기에 이르러 에페스는 아랍인의 끊임없는 침략에 시달리게 되며 결국 1304년 터키인에게 점령되었다. 그 후 지진 등으로 파괴되기 시작해 오늘에 이른다.

도시는 로마 시대 최고의 유적지답게 장대하다. 도서관, 극장, 증기탕, 수많은 사원과 제단, 학교 같은 도시 시설을 건설하고, 수많은 조각상과 분수 등으로 치장하며 20만 명 정도가 생활의 터전으로 삼았다는 거대한 도시이다.

그중에서도 '셀수스 도서관'의 아름다움이 나의 눈길을 잡는다. 율리우스 셀수스는 2세기 초에 로마제국 소아시아의 총독이었다. 그가 죽은 후 그의 아들이 아버지를 기념하기 위해 지었다는 건축물이다. 섬세한 아름다움이 아들의 정성스러운 마음과 함께 건물 전체에서 느껴진다. 목재 부분은 화재로 소실되고 대리석의 기둥과 돌로 된 부분만이 남아 있다. 특히 가는 기둥이 인상적인데 특별히 웅장함을 강조하지 않은 것이 건물의 특징으로 보인다. 기둥마다 섬세하게 조각이 들어있고 건물 전면도 온통 조각으로 장식되어 있어 조촐하나마 화려하다. 머리를 들어 천장을 바라보니 그곳도 빈틈없이 조각되어 있다. 건물 한 채가 하나의 조각 작품 같다. 아쉽다. 2000년이란 긴 세월이 흐르고도 남아있는 자태가 이렇게 고운데 처음의 모습은 얼마나 아름다웠을까.

큐렛테스 거리의 바닥에는 모자이크 그림이 있다. 트라얀 분수, 멤미우스 기념비, 하드리아스 사원도 지난다. 우리가 터키탕이라고 불러 본질을 왜곡시킨 이들 고유의 목욕탕인 스콜라스티키야 배스도 본다. 한 시절 남자들의 사교의 장으로 정치와 경제의 은밀한 밑그림이 구상되었을 이곳도, 이방인의 짐작을 아는지 모르는지 목욕탕이라기엔 믿어지지 않는 웅장한 모습으로 남아있다.

길 언덕에는 층층으로 이어서 지은 집이 있다. 테라스 하우스라고 부르는데 요즘의 고급 빌라의 원조 격이 아닐까 싶다. 실내도 호화로웠던 옛 시절의 모습을 아낌없이 보여주고 있다. 아치의 문, 코린트식의 화려한 기둥, 바닥과 벽의 프레스코화 아마도 어느 고관대작의 살림집은 아니었을까. 상상이 시공을 초월해 훨훨 나른다.

아침에 빛나던 해가 사라지고 다시 세찬 바람과 함께 비가 내리기 시작한다. 우산을 받쳐도 비바람을 막기에는 역부족이다. 다행히 춥지는 않아서 옷을 적시고도 돌아다닐 수 있었다. 몇 날 며칠을 걸어야 도시의 이야기를 다 들을 수 있으려나. 마지막으로 들른 곳이 대극장이다. 히에라 폴리스의 극장보다 조금 더 크게 보인다. 사도 바울이 이곳에서 연설했다고 한다. 25000의 관중을 앞에 두고 다혈질의 사도가 열정을 다하여 스승 예수의 가르침을 설파했을 모습을 상상한다. 어느 구석엔가 사도의 웅변이 메아리로 남아있지는 않을까. 이제는 폐허가 되어 버린 영광의 도시 한 가운데 서서 도시의 긴 역사를 생각하며 짧은 인간의 시간을 함께 생각한다.

빗줄기가 점점 굵어진다. 점심을 먹고 찾은 곳이 성요한 성당이다. 예수가 십자가에 못 박혀 돌아가실 때 사도 요한에게 부탁했던 대로 요한 사도는 예수 사후에 성모마리아를 모시고 이곳 에페스 언덕에 자리 잡고 선교 활동을 하며 평생을 살았다고 전해진다. 사후에는 그의 유언대로 이곳에 묻혔으며 사람들은 그의 무덤 위에 교회를 지어 그를 기념했다. 그러나 잦은 지진으로 거의 파손되었고 더구나 1400년경 이슬람 사원이 성당 바로 밑에 세워지면서 성요한 성당은 돌보는 사람 없는 폐허가 되었다.

그 후 600여 년이 지난 1972년부터 발굴되어 유적으로 보존되기 시작되었다고 하나 지금 옛 모습을 다 찾아보기는 어렵다. 남아있는 웅장한 열주의 모습에서 옛날의 규모를 짐작해 볼뿐이다. 성당에는 원래 여섯 개의 돔이 있었다고 한다. 남아있는 열주와 중앙을 받치고 있는 붉은 벽돌과 대리석의 기둥이 웅장하다. 너른 빈터에는 사도 요한의 무덤이 중심이 되어 제단을 이루고 있다. 무덤이라야 관은 지하에 있고 지상에는 대리석을 놓아 표시한 것이 전부이다.

문자로 전해주는 성서에서는 느낄 수 없었던 사랑이, 먼 나라에서 온 이방인에게도 흘러들어온다. 더구나 이곳은 성모님이 아들을 잃은 후 평생을 사셨던 곳이라고 하니, 그분을 기리는 우리에게도 뜻깊은 장소이다. 마당의 구석구석에서 그분의 발자취를 느껴보려고 마음을 가다듬어 걸어 보았다.

이 지방 사람들 역시 성모마리아를 지방의 토속 신앙인 아르테미스 여신의 이미지와 합쳐 의지하고 따랐다고 하며, 성모님 역시 지역의 그리스도교 선교에 적극적인 활동을 하였다고 전해진다.

하루종일 오락가락하던 비가 잠시 멈추더니 성당 바로 위의 성벽 위에 쌍무지개를 만들어 띄운다. 온종일 비 맞고 다닌 후 받은 선물이다. 언덕을 내려와 호텔 앞의 찻집에서 따뜻한 차를 마시니 젖은 몸에 피로가 몰려온다.

터키식 터키탕, 하맘 이야기

시몬이 하맘에 가서 깨끗이 씻자고 하는데 오늘은 귀가 솔깃하다. 괜찮다고는 하지만 남녀 혼탕이라니 망측한 생각이 들어서 어제부터 갈까 말까 망설이고 있던 터다. 온종일 비바람에 시달린 몸이니 따뜻한 물에 몸을 담그고 싶은 마음이 굴뚝같다. 더구나 오늘 밤에는 10시간 정도 버스를 타고 이스탄불로 가야 하니 깨끗이 씻었으면 좋겠다. 그래 가자, 시몬이 먼저 가서 하맘 주인에게 우리 여자들이 절대로 남자들과 마주치지 않게 해준다는 다짐을 받았다. 그리고 나서 네 식구가 하맘의 문을 열고 들어섰다.

하맘은 터키의 대중목욕탕을 부르는 말이다. 우리나라에도 터키탕이라고 부르는 목욕탕이 있는데 이상한 서비스를 하는 곳으로 알려져서 실제로 점잖은 사람이 갈 곳은 못 된다. 오늘 진짜 터키탕은 어떤지 알 수 있겠다. 어색한 마음으로 문을 열고 들어가니 계산대의 아저씨가 귀중품을 모두 받아 서랍에 넣고 잠근다. 고개를 들어 사방을 둘러 보니 그리 넓지 않은 홀의 가운데 우리네 연탄난로 같은 옛날식 난로가 놓여있고 공중에는 빨랫줄을 매어 수건을 널어놓았다. 분위기가 내가 상상하고 있던 터키탕과는 영 거리가 멀다. 화려한 분위기를 기대했다면 소박하다 하기에도 부족할 정도다. 옛날 옛적 내 고향, 횡성 읍내에 하나밖에 없던 목욕탕과 비슷하다.

아저씨는 우리를 '레이디'와 '마담'으로 부르며 작은 방으로 안내하고 커다란 수건 두 장을 준다. 몸가리개인 모양이다. 작은 방에는 의자 두 개와 옷걸이가 있을 뿐이다. 옷을 벗어 걸고 수건으로 몸을 가리고 나왔다. 아저씨가 우리를 탕으로 안내한다. 오호!! 드디어 탕 안으로 들어간다. 이곳은 물이 따로 수조에 담겨 있는 것이 아니라 그냥 목욕탕 자체가 증기로 가득 채워져 있는 홀이다. 말 그대로 증기탕이다. 남녀 혼탕이라고 해서 목욕탕 안의 욕조에 같이 들어가는 것은 아닐까 걱정했는데 그건 우리나라식 목욕탕을 생각한 오해였다. 증기탕이니 수조가 있을 리 없지 않은가. 탕 안에는 한쪽 옆으로 칸칸이 커튼으로 문을 해 달은 여러 개의 방이 있다. 한 사람이 앉아서 때를 닦을 수 있는 작은 공간이다. 우리도 칸막이 방에 들어가서 수건을 풀고 앉았다. 그곳에는 수도꼭지가 하나 있고 물을 받을 수 있는 돌 세숫대야가 하나 놓여있다.

우리는 비로소 긴장을 풀고 뜨거운 물을 끼얹으며 수증기가 가득 차 후끈거리는 증기탕의 열기를 마음껏 즐기며 몸을 씻었다. 바깥 탕에서는 마사지 아저씨의 서비스를 받는 시몬과 성인이의 웃음소리가 들려온다. 궁금해서 커튼을 살짝 들추고 내다보니 홀 중앙에 둥근 대리석의 평상이 있고 그 위에 시몬과 성인이가 누워 있다. 마사지 아저씨가 때도 밀어주고 안마도 해 주는 모양이다. 퍽 소리 나게 내리치기도 하고 다리도 꺾고 하는데 그때마다 성인이가 낄낄거린다. 나중에 두 남자에게 물어보니 매우 시원하고 좋았단다. 성인이가 전해 주는 말, 일본인 아저씨가 탕 안에 같이 있었는데 아저씨 말이 터키탕은 "한국이 최고"라고 하더란다. 오리지날 터키탕에 와서도 한국의 터키탕을 찾는 말뜻이 알만해서 우리는 배꼽이 빠지게 웃었다.

목욕을 다 하고 다시 몸에 수건을 두르고 탕 밖으로 나오니 아저씨가 머리에 수건을 둘러 주며 마른 수건을 준다. 주인 아저씨는 우리가 마사지 안 받은 것을 매우 애석해하며, 전에 이곳에서 마사지를 받은 여성 단체 손님들의 사진을 보여준다. 모두 즐거운 표정이다. 작은 아쉬움이 스쳐간다. 바깥 홀의 작은방으로 돌아온 우리는 옷을 갈아입고 나왔다. 과연, 말이 혼탕이지 남자들 때문에 얼굴 붉힐 일은 전혀 없는 시스템이다. 터키탕 탐험은 나에게 많은 생각 거리를 준다. 이상하게 변질되어서 성업 중인 우리나라의 터키탕 때문에 하마터면 터키까지 와서 터키탕 구경을 못 하고 갈뻔했다. 역시 편견은 금물이다. 알몸으로 배운 진리다.

하맘을 나서니 종일 내리던 비가 그쳤다. 호텔 앞의 식당에서 스파게티를 먹고 셀축 오토가르로 향한다. 오늘 밤 9시에 이스탄불로 떠난다. 떠날 때는 아쉽다. 그러나, 아름다운 이스탄불을 또 볼 수 있다니 행복하다.

다시 이스탄불로

밤새도록 옆 좌석의 아기가 울어대는 바람에 한숨도 자지 못하고 이스탄불에 도착했다. 아기는 어디가 아픈지 제 부모가 아무리 어르고 달래도 막무가내로 보챈다. 덕분에 같은 버스에 탄 다른 사람들의 여행은 엉망이 되어버렸다. 그런데도 승객 중 누구도 승무원이나 아기 부모에게 불평하는 사람이 없다. 10 시간 동안 허허벌판을 벌판을 달려야 하는 야간버스에서 불평한다고 달리 뾰족한 수가 있는 건 아니지만, 이들의 인내심이 놀라울 뿐이다.

이들의 특이한 문화 중의 하나, 젊은 아가씨들이 어디서나 스스럼없이 담배를 피우는 것이다. 특히 터미널에서 많이 본다. 20대 초반으로 보이는 아가씨들이 자연스럽게 담배를 꺼내 입에 물고 연기를 내뿜는다. 그 모습은 몹시도 보수적으로 보이는 그들의 까만 머릿수건과 정면으로 충돌하는 행동으로 보인다. 어느 땐 보는 우리가 더 당황스럽다. 까만 머릿수건으로 꼭꼭 머리를 싸맨 모습은 전통적인 가치관에 절대복종으로 보이는데, 그들의 흡연은 감히 엄청난 도전으로 보이기 때문이다. "도전하려면 답답한 머릿수건이나 먼저 벗을 일이지!" 그들을 바라보는 내 속마음이다. 그러나 그들의 흡연이 오픈된 장소에서 자연스럽게 이루어지는 것을 보면 우리 느낌은 어디까지나 우리식 정서의 투사라고 해야 할 것 같다.

지난번에 묵었던 안드호텔을 다시 찾으니 호텔 아저씨들이 무척 반가워한다. 열흘 만에 보는 이스탄불이 우리를 또 다시 감동시킨다. 여전히 골목에서 손님을 잡는 삐끼청년도 반갑고 옆집의 도자기가게 아저씨도 반갑다. 여러 가지 여행 정보를 제공해준 여행사 집 개 도비도 만났다. 도비와 늘 싸우던 옆집 카페트가게 고양이는 어디 가고 오늘은 주인아저씨가 문 앞에 나와 있다가 우리를 보고 들어오라고 조른다. 인상 좋은 아저씨, 그런데 아저씨네 카페트는 다른 가게보다 물건값이 비싸다. 아줌마 명찰 달은 지가 언제인데 물건값 구별 못 할까, 반갑긴 하지만 웃음으로 인사하고 통과한다.

블루모스크를 바라보며 아야소피아의 모퉁이를 돌아 터키 국립 고고학 박물관으로 향한다. 몇 천 년의 이끼를 그대로 안고 있는 돌담을 옆으로 끼고 수풀 속으로 길이 이어진다. 이 나라 사람들에겐 겨울이지만 우리에겐 가을의 정취가 흠뻑 느껴지는 길이다. 깨진 석관이 여기저기 널려 있다. 고도에서 또다시 고도로 들어가는 길이다.

언덕 위에 그리 크지 않은 규모로 박물관이 들어서 있다. 오스만 투르크 시대에 프랑스와 영국에 의해 발굴 조사가 이루어진 후 많은 유물이 터키를 빠져나가 두 나라의 박물관으로 들어갔다고 한다. 그러나 1881년 이후의 출토품은 고스란히 이곳 박물관에 남아 있다. 오리엔트 박물관도 같이 있는데 당시 최고의 오리엔트 국가 간의 교류가 활발했음을 알 수 있다. 터키와 함께 이라크, 시리아, 요르단의 출토품 그리고 이집트의 미라, 히타이트의 유물이 전시되어 있다.

잠 한숨 못 잔 버스 여행 덕분에 몹시 피곤하다. 졸린다고 징징거리는 아이를 달래려고 정원으로 나와 차 한잔을 앞에 두고 앉았다. 마당의 양지쪽에 앉아서 해바라기를 하던 고양이들이 지원이를 보더니 따라다니며 좋다고 털을 비벼댄다. 재미없다고 힘들어하던 아이가 그제서 기분이 풀리는지 고양이를 안아주며 즐거워한다.

커피 한잔으로 피로를 덜어내고 다시 박물관으로 들어가니 여기엔 주로 석관이 많다. 아르카이크기 시대에서 로마 시대와 초기 비잔틴 시대까지의 조각과 시돈의 석관이다. 특히 이곳의 로마시대 출토물 전시 수준은 세계적으로 높은 평가를 받고 있다.

그중에서도 특별히 눈에 들어오는 것이 있다. 알렉산더 대왕의 관이다. 기원전 305년에 만든 것으로 추정되며 레바논 시돈의 왕립묘지에서 발견되었다고 한다. 2300년 전의 관이 완벽한 상태로 보존된 것이 우선 놀랍고 섬세한 아름다움에 다시 한번 놀라게 된다. 어림잡아 길이는 3m, 높이는 2m 정도로 보이고 윗부분은 우리나라의 맞배지붕 형태이다. 관의 네 면에는 말을 탄 군사가 창과 방패를 들고 전투 중인 모습이 환조의 형태로 빼곡하게 조각되었다. 알렉산더 대왕과 그의 장군의 용맹스러운 모습을 표현한 것이다. 모습이 얼마나 사실적인지 말 탄 기사의 생명력이 생생하다. 금방이라도 말과 함께 바깥으로 튀어나올 것 같다. 관의 윗부분인 지붕에도 사자 갈깃머리를 한 대왕의 얼굴 조각이 둘려 있다. 웅장하다. 관의 나머지 평면에는 기하학적인 문양이 조각되어 있다. 우아함과 생동감이 느껴진다. 고대 최고의 영웅, 알렉산더 대왕의 관으로 부족함이 없다.

그리스 마케도니아에서 태어나 소아시아뿐만 아니라 시리아, 요르단, 팔레스티나, 이집트를 정복한 약관 20세의 알렉산더는 이어서 페르시아, 중앙아시아, 인도까지 정복한다. 그 후 바빌론 땅에서 열병에 걸려 32살의 젊은 나이에 생을 마감한다. 불과 13년의 짧은 통치 기간을 지닌 그가 후세의 사람들에게 영웅 중의 영웅으로 추앙받는 이유는, 혹시 역설적이게도 짧은 통치 기간 때문은 아닐까. 역사는 가정을 허용치 않는다는 준엄한 사가들의 호령을 떠올리며 나그네는 슬며시 생각을 접는다. 그래도 짚고 싶은 것 한

가지, 저 관을 만들려면 적어도 일 년 이상의 시간이 필요했을 것 같은데 왕의 나이로 보아 미리 만들어 놓지는 않았을 테고 관에 담기 전까지 시신은 어떻게 했으며 장례는 언제 지냈을까. 그것이 못내 궁금하다.

늦은 점심을 먹고 드디어 그랜드바자르로 향한다. 바자르란 이들의 시장을 부르는 말이다. 석조 건물의 운치 있는 아치문을 통해 들어간 바자르는 첫눈에 보기에도 규모가 엄청나다. 우선 중심이 되는 거리가 300m 정도 직선으로 이어져 있어서 첫인상이 시원하다. 이곳은 쇼윈도까지 갖춘 전형적인 쇼핑몰로 몰 입구의 큰 길에는 귀금속 매장이 많아 거리가 휘황찬란하다. 그리고 10여 미터 간격으로 큰 거리와 교차를 이루는 작은 거리가 규칙적으로 이어져 있다. 일정한 규칙에 의해 조성된 시장통이라 길을 잃거나 같은 길을 반복해서 헤매는 따위의 시간 낭비 없이 편안하게 시장구경을 할 수 있을 것 같다. 세계 곳곳에서 모인 사람으로 북적거리는 시장이지만 구조도 복잡하지 않고 천장도 아치 형태의 높은 지붕으로 되어있어 답답하지 않고 쾌적하다.

물건값은? 그야 물론 흥정이 필수다. 큰 거리에서 이어지는 작은 거리도 빠짐없이 둘러 보았다. 터키의 특산품은 다 있다. 카페트, 철제그릇, 향로, 전등, 전통장신구, 전통의상, 도자기, 그림 접시, 유난히 많은 물담배 기구들, 금은 세공품, 셀 수 없을 만큼 종류도 다양하다. 온갖 종류의 물건이 가게마다 빼곡히 진열되어 이방인의 눈길을 사로 잡는다.

특별히 내 마음을 사로잡는 것이 철제 그릇이다. 히타이트의 후예답게 이들의 전통적인 철 제품은 종류가 다양하다. 주전자 형태의 제품이 주류를 이루는데 저마다의 자태로 아름다움을 표현하여 보는 이의 감탄을 자아낸다. 아름다운 여인의 몸인 양 굴곡지어 요염한 자태를 자랑하는가 하면, 부드러운 곡선으로 만들어진 소박한 모습의 주전자도 있다. 소재도 금, 은, 동으로 다양하고 디자인역시 만 가지여서 보는 이의 혼을 쏙 빼놓는다.

방금 무덤에서 나온 듯한 고색의 물건도 꽤 있는데 정말 골동품도 있지만 주로 그런 분위기를 재현한 물건이다. 이 사람들은 전통적으로 차를 좋아하는 민족이라 그런지 주전자에 들인 공은 가히예술품이라 해도 손색이 없어 보인다. 가져갈 수 있다면 다 끌어안고 가고 싶지만 갈 길이 먼 배낭여행자에게는 가당치 않은 꿈이다.

이곳의 도자기는 별나게 아름답다. 이슬람 특유의 문양은 세련미를 뽐내고, 화려한 채색은 우리나라 도자기의 소박하고 그윽한자태와는 또 다른 이국의 분위기를 풍긴다. 특히 윗부분에 심지가달린 램프 도자기는 얼마나 예쁜지 동화 속의 거인까지 불러내 준다. 보기만 해도 행복하다.

어떻게 사용하는지는 모르지만, 이들의 '물담배 기구'도 끽연 기구라고 하기에는 믿어지지 않을 만큼 화려하고 낭만적으로 생겼다.

은 제품을 파는 골목도 빠뜨릴 수 없다. 꽃병, 주전자, 쟁반, 촛대, 종류도 다양하다. 고전적인 분위기의 아름다운 문양이 달빛같이 부드러운 은의 질감 속에서 화려하게 빛난다. 우아함과 기품이 멀리서 온 아줌마 손님을 유혹한다. 그냥 지나치기 어렵다. 그러나 만만치 않은 가격에 미련 없이 돌아선다.

터키에 와서 카페트 이야기를 빠뜨릴까. 이곳은 카페트 천국이다. 우리는 주로 바닥에 까는 것으로 알고 있는데 이들에게는 거의 생활필수품으로 보인다. 식탁, 소파, 벽, 바닥, 침대 어디에나 덮고 깔고 다양하게 이용한다. 아마 이곳의 건축 자재로 많이 쓰이는 대리석의 차가움 때문인지도 모르겠다. 그래선지 시장에는 카페트 가게가 무척 많다. 주로 양털로 만든 제품이 많지만 실크로 짠 고급품도 있다. 카페트 한 장마다 그들의 뛰어난 미적 감각이 유감없이 담겨 있다. 어떤 가게에서는 아가씨가 카페트 짜는 모습을 실제로 보여주기도 한다. 거미줄 같이 가는 실크실로 가로 세로 한 올 한 올 문양 따라 짜는 모습을 보니 한숨이 절로 나온다. 카페트 한 장 짜려면 백 년은 걸리겠다. 시몬이 그런 카페트를 깔고 산다면 죄악일 것 같다고 말한다. 카페트 짜는 모습을 보면 누구라도 그런 생각이 들 것 같다. 물론 가격도 만만찮다. 그러나 거기 들어가는 수공을 생각하면 차마 돈으로 값을 다 매기지 못할 것 같다. 요즘이야 기계로 짜서 나오는 질 좋고 예쁜 것이 많으니 실생활에서 필요한 것이야 그런걸 이용하겠지 싶다.

이 골목 저 골목을 구경하다가 우연히 닿은 곳이 이집시안 바자르이다. 이곳은 향신료의 거리다. 터키는 중국, 프랑스와 함께 세계 3대 요리의 나라로 불린다. 아마도 그 비결이 다양한 향신료에 있을 것 같다. 가게마다 많기도 한 색색의 향신료와 양념이 자루에 담겨 진열되어 있다. 그 모습이 그림같이 예쁘다. 별스러울 것 없이 생긴 향신료를 파는 가게가 어쩌면 이렇게도 아름다울 수 있는지 놀라울 따름이다. 이 나라 사람은 모두 예술가다.

이 골목에는 향신료와 함께 이들의 다양한 전통 과자와 사탕 종류도 있다. 여러가지 견과류를 넣어 만든 젤리사탕이 내 발걸음을 잡는다. 원하는 만큼 담아서 파는데 한줌 사서 입에 넣었다. 쫄깃쫄깃하고 고소한 맛이 일품이다. 역시 너무 예뻐서 먹기가 미안한게 흠이라면 흠이다.

수많은 사람과 섞여 물결에 휩쓸리듯 다닌 시장 구경이 얼마나 재미있는지 시간이 꿈결 같이 흘러간다. 거리에서 다 볼 수 없는 이들의 문화와 풍물이 시장 안에 들어 있다. 신기하고 재미있다. 아직 다 구경하지 못했는데 날이 저문다. 여행의 마지막 날 다시 이스탄불에 올 기회가 있으니까 기념품은 그때 사기로 하고 아쉬운 발걸음을 돌린다.

저녁은 지난번에 보아 두었던 한국 식당에서 모처럼 우리 음식을 먹기로 했다. 집 떠날 때 절대로 한국음식을 그리워하지 않을 거라고 장담하던 우리 지원이가 제일 좋아한다. 식당은 깔끔하고 주인아주머니도 무척 친절하다. 네 식구 모두가 그동안 우리 음식이 그리웠는지 얼큰한 육개장 한 그릇을 뚝딱 비운다. 육개장 한 그릇이 우리 돈으로 만원 정도 하니 서울보다 싼 이곳의 물가를 생각하면 비교적 비싼 음식값이다. 모처럼 맛있는 우리 음식을 먹으니 배도 부르고 기분도 그만이다.

　오늘로써 터키 여행은 마감이다. 어떻게 열흘을 보냈는지 꿈만 같다. 아쉬운 마음이 산 같이 몰려온다. 그러나 모든 여행의 일정을 마치고 서울로 돌아가려면 다시 이스탄불로 와야 하니 아직 완전한 이별은 아니다. 내일 만날 그리스에 대한 기대로 서운함을 달래며 호텔로 돌아와서 짐 정리를 한다. 바람이 무섭게 분다. 서울에서라면 태풍이라고 부를 위력이다. 터키 여행을 마쳤으니 이제 악천후가 걱정될 건 없지만 창문을 흔드는 바람 소리에 내 마음도 같이 흔들린다. 아이들이 여행 사이사이에 사 모은 기념품을 꺼내놓고 요리조리 돌려보며 좋다고 까르륵거린다. 아이들을 재촉해 배낭을 꾸리고 잠자리에 든다. 잠이 쉬 올 것 같지 않다.

그리스

신화와 이성의 교차로, 아테네

아테네의 엘비스프레슬리

눈 뜨기도 힘들 만큼 심한 바람이 분다. 다행히 호텔에서 택시를 불러 주어서 고생 없이 이스탄불 공항으로 향한다. 여행 마지막 날에 한 번 더 이스탄불을 볼 수 있다지만 어둠 속에서 빛나는 수많은 모스크의 자태가 떠나는 마음을 잡는다. '올드 이스탄불'의 골목골목에는 수천 년 세월의 자취를 안고 있는 붉은 벽돌 건물이 가득하다. 무너지고 닳아 처음의 모습을 짐작키는 어렵지만 남아있는 모습만으로도 넉넉히 아름다운 그들. 곳곳에 담쟁이 넝쿨에 덮인 무너진 성벽과, 보려고 하는 사람에게만 보일 것 같은 작은 돌무더기 아치문이 숨어있다. 후일 아름답던 정경을 회상하며 그리움을 읊조리는 내게 시몬이 그 성곽의 이름이 비잔틴 성이라고 기억을 더듬어 준다.

공항에서 간단히 아침을 먹고 8시 30분에 그리스행 비행기에 탑승, 만 가지 감회에 젖어 창밖을 바라보나 구름에 덮여 아무것도 보이지 않는다. 잠시 후, 이름만 들어도 아름다운 에게해의 짙푸른 바다에 점점이 떠 있는 작은 섬들이 보인다. 그리스 땅이다.

어릴 때 집안에 굴러다니는 책이 있었다. 앞장도 없고 뒷장도 없이 알맹이만 너풀거리는 책이었는데 어느날, 우연히 읽기 시작한 그 책은 어찌나 재미있던지 점점 줄어가는 뒷장이 야속할 정도였다. 헤라, 제우스, 아프로디테, 에로스 따위의 이름도 생소하고 주인공도 많은 이야기들은 별로 행복한 처지가 아니었던 내 유년시절에 다독의 습관을 들여 주었다. 그리고 그때 알게 된 책 읽는 즐거움이, 고맙게도 행복한 유년의 추억을 만들어 주었다. 자라며 그 책이 그리스로마신화라는 것을 알게 되었고 그 후로도 몇 번이나 되풀이해서 읽었다.

그리스에 대해 작은 동경이라도 품지 않은 이가 있을까. 이 나이에도 변함없는 꿈을 가지고 그리스를 바라보는 내 마음을 알았는지 시몬이 한마디 한다. "그리스에는 이제 아무것도 없으니 너무 환상을 갖지 말라"고, 그도 그렇겠다 싶었는데 공항에서 여권에 '그리스'라고 찍히는 스탬프를 바라보니 다시 가슴이 뛴다.

낮은 구름으로 덮인 아테네 시가지를 택시를 타고 달린다. 운전사는 검은색 가죽 점퍼에 꼭 끼는 청바지를 입고, 짧은 머리는 무스를 발라 한껏 세워 멋을 부렸다. 흐린 날인데도 검은색 선글라스를 끼고 흥얼거리며 운전을 한다. 조각 같은 얼굴에 몸매도 제법 근육질인데 마침 나오는 엘비스프레슬리의 노랫소리에 맞추어 춤추듯이 건들거린다. 가끔 엘비스프레슬리가 살아 있다는 황당한 소문의 진원지가 바로 이곳 아테네였던가. 우리가 킥킥거리며 웃는 사연을 아는지 모르는지 일방통행 골목에서 역주행도 하고, 과속으로 달리기도 하더니 정확하게 호텔 앞에 차를 세운다. 교통규칙 따위는 안중에도 없는 아저씨, 그러나 엘비스를 추종하는 친절한 터프가이 아저씨는 그리스 땅에서 처음 조우한 그리스 사람이니 우리에겐 특별한 사람이 되었다. 호텔에 짐을 풀자마자 냉수 한 잔으로 목을 축이고 다시 나선다.

아크로폴리스, 소원을 말해봐

높은 언덕 위의 도시라는 말 그대로 이곳은 아테네 어디서나 보이는, 도시 한가운데 솟아 있는 작은 바위산이다. 경사가 급하지 않은 언덕을 한가로이 오르는데 옆으로 찰흙을 마구 주물러서 만들어 놓은 듯한 작은 둔덕이 보인다. 올라가 보니 아레오파고스라는 작은 팻말을 달고 있다. 고대 아테네의 재판소가 있던 장소이며,

서기 51년에는 사도 바울이 아테네에 와서 최초로 그리스도의 복음을 전한 곳이라고 하니 보기보다는 중요한 역사의 현장이다. 바위의 오목한 곳마다 물이 고여있는 것으로 보아 이곳도 우리가 오기 직전에 제법 많은 비가 온 것 같다. 맑게 갠 날씨가 무던히도 고맙다.

올리브 나무숲 사이로 난 길을 따라 오르니 술과 연극의 신, 디오니소스 극장의 무대가 나타난다. 내게는 전설적인 술의 신, '박카스'라고 부르는 것이 더 친근하기는 하다. 이곳에서는 매년 디오니소스 제가 열렸는데 대부분 그리스 비극이 상연되었다고 한다. 그것이 기원전 6세기의 일이니 이들의 문화 수준이 놀랍다. 15000명을 수용할 수 있는 원형극장과 관람석은 거의 복구된 것이나 앞쪽 무대 뒤의 누런 대리석 돌덩이 건물만은 옛 모습 그대로 고색이 창연하다. 극장 무대를 배경으로 카메라 렌즈 속에 들어 있는 아비와 아들의 모습이 제법 근사하다.

오솔길을 조금 더 오르니 갑자기 경사가 급해지며 바위 사이를 대리석 계단으로 이은 길이 있고 그 위로 작은 문이 보인다. 아크로폴리스로 들어가는 첫 번째 관문, 뵐레 문이다. 이 문은 로마 시대인 3세기 중엽에 게르만족의 침략을 막기 위해 세운 것이다.

뵐레 문을 지나 아테나 니케 신전, 날개 없는 승리의 여신 신전을 지난다. 이 신전은 페르시아 전쟁에서 이긴 아테네인들이 승리를 기념하고 동시에 승리를 허락한 아테나를 숭배하기 위하여 세운 신전이다. 그렇게 크지도 화려하지도 않은 이오니아식의 아담한 신전이다. 아테네 시민은 승리의 여신이 다른 곳으로 가지 못하게 하려고 여신의 날개를 없애버렸다고 한다. 당시 아테네 사람들의 신에 대한 의식의 한 단면을 본다. 그들의 절박한 기원을 이해못 할 바는 아니지만, 날개를 부러뜨리고도 천연덕스럽게 자신들의 소원을 기도하는 모습을 상상하니 절로 웃음이 나온다.

고개를 들어 멀리 보니 내 눈에는 이 세상에서 가장 크게 보이는 집, 파르테논 신전이 보인다. 대리석 바위산을 기단으로 하여 아크로폴리스의 가장 높은 곳에 우뚝 서 있다. 규모가 상상했던 것보다 훨씬 크다. 가까이 갈수록 웅장한 규모에 압도당한다. 가로 31m, 세로 70m, 기둥 높이가 10m 에 이르는 이 거대한 건축물은 15년에 걸쳐 건설되어 기원전 438년에 완성되었다. 아테네의 수호신인 아테나를 모시기 위해 세운 신전으로 당시에는 전체가 조각과 부조로 만들어진 아름다운 예술 작품이었다고 한다. 지붕과 천장 사이의 삼각 부분에 남아있는 조각 작품만 보아도 충분히 짐작할 수 있는 일이다. 다양한 조각상이 무언가 내용을 담고 있는 듯 하고, 인물의 표정과 몸짓에는 힘이 솟구친다. 신화와 고대의 역사를 표현한 것이라고 하니 당연히 당시 그리스인 자신의 모습을 빌어서 표현했을 터이다. 그리스 사람의 넘치는 에너지와 거칠 것 없는 상상력을 본다.

그러나 신전에 있던 많은 조각상과 지붕 밑 삼각 부분의 조각상은 현재 영국의 박물관에 있다. 말이 보존이지 남의 나라의 문화재를 가져다 지니고 있는 행태가 화가 난다. 세계적인 문화재의 가치를 제대로 알아보고 애지중지 끌어안고 있는 높은 안목과 남의 것을 제 것인 양 갖고있는 이중성이 싫다.

신전의 둘레는 200여 미터에 이르고, 아름드리나무 같은 46개의 기둥이 지붕을 받치고 있어서 마치 이 건물은 지붕과 기둥만 있는 듯 보인다. 멀리서 볼 때는 딱딱하고 단순하게 보였는데 가까이서 보니, 도리스식 기둥의 중간 부분은 볼록 나오고 윗부분은 가늘다. 그리고 기둥의 겉면에 가는 홈이 패어있어서 단순하나마 섬세한 아름다움이 느껴진다. 보수공사가 한창이라 신전의 내부를 볼 수 없어서 아쉽다.

사실 이 대단한 고대의 걸작 건축물은 17세기까지는 거의 제 모습을 보존하고 있었다고 한다. 중세 동로마 시대에는 성당으로, 오스만 제국 시대에는 다시 모스크로 개조되어서 사용되기도 했다. 물론 주인이 바뀔 때마다 시대의 격랑에 휩쓸리며 훼손되기도 했지만, 결정적 손상은 1687년 그리스를 지배하던 오스만 투르크가 지중해의 강자 베네치아 공화국과 패권 다툼을 할 때 일어났다. 당시 오스만 제국이 화약창고로 이용하던 신전을 베네치아군이 대포로 공격한 것이다. 당연히 신전은 회복하기 어려운 손상을 입었다. 19세기 초에 그리스 독립전쟁 당시에도 그리스 저항군의 요새로 사용되며 총격전을 벌였고, 그 후 얼마간 남아있던 석상이나 문화재는 영국으로 빼돌려지며 그 역사가 오늘에 이르고 있다. 그리스

정부가 신전의 복구를 위해 최선을 다하고 있다니, 오래 걸리겠지만 많이 나아진 신전을 볼 날을 기대해 본다.

멀찍이 앉아서 오로지 하늘만이 배경인 신전을 바라보니 말로 다 할 수 없는 감회가 밀려온다. 어린 시절, 작은 흑백사진으로 교과서에 실려서 신전이라는 이름으로 무한한 신비와 동경을 끌어낸 주인공이다. 이렇게 마주 앉아 바라보고 있으니, 마치 내가 빛바랜 그 사진에 들어가 있는 것 같다.

아이들이 가자고 조른다. 녀석들이 우리의 마음을 어찌 알까. 언덕을 내려오며 아크로폴리스의 뜻을 지원이가 묻는다. 조곤조곤 설명해 주는 아빠의 말을, 아이는 얼마나 알아들었으려나.

언덕을 내려오니 아름답기로 유명한 아테네의 상업지구 '플라카'가 우리를 기다리고 있다. 자동차의 출입이 통제되는 거리는 양쪽으로 아름다운 집들이 들어서 있다. 각종 기념품 가게, 레스토랑, 여행사, 금은방, 가죽제품 가게 등 종류도 다양하다. 교회도 있고 박물관도 있다. 이 거리에서 특히 내 마음을 사로잡은 것이 이콘(성화)이다. 서울에서 본 것은 인쇄된 그림이라서 별로 흥미가 없었다. 그러나 이곳에서 본 이콘은 서울의 것과 아주 다르다. 특이하게도 통나무 판을 예쁘게 다듬고 조각하여 프레임 겸 캔버스로 사용한다. 대부분 성경 이야기를 주제로 하여 그린 그림으로, 금박 은박을 섞어 채색하고 그림의 테두리는 은을 세공하여 장식한다. 통나무가 주는 자연스러움과 세련된 채색, 거기에 은과 금이 불어 넣어주는 생명력이 보는 사람의 마음마저 예쁘게 물들여 준다.

아이들은 아이들대로 환성을 지르며 기념품 가게를 들락거린다. 가게마다 아기자기한 상품이 가득한데 어느 것 하나 눈길을 끌지 않는 것이 없다. 파는 사람들도 친절해서 구경하기에 부담이 없다. 아이와 함께 성물을 파는 가게에 들어가서 아름다운 이콘도 구경하고 예쁜 편지지와 성 모자상이 들어 있는 열쇠고리를 샀다. 예쁜 촛대가 마음을 끌었지만 한참을 망설이다가 그냥 돌아섰다. 이곳은 가죽 제품이 유명하다고 해서 가죽 공방에 들어가 가방도 만져보았다. 값도 싸고 디자인도 다양하다.

담도 없이 거리의 한 귀퉁이를 차지하고 있는 성당이 있다. 시몬이 잠시 성당 앞에 앉아있는 지원이와 나를 카메라에 담아주었다. 나중에 보니 아치문 위에 있는 이콘 속의 예수님도 우리와 함께 사진 속에 들어있다. 어디 그뿐인가! 이 거리는 그림보다 아름다운 집으로 가득하다. 그중에서 무성한 등나무 줄기 아래 테이블을 놓은 카페에 앉았다. 차 한잔을 청해 마시며 아름다운 플라카 거리의 여유를 누려본다. 테이블 위에 놓여 있는 작은 꽃병이 화려한 거리와 잘 어울린다. 이제 해가 지고 불이 밝혀지면 거리에는 또 다른 낭만이 넘쳐나겠지. 담장마다 원색의 꽃나무 넝쿨이 흘러내리는 거리에 꽃향기가 가득하다. 행복한 도시다.

아이들이, 사치스럽지 않고도 화려하며 화려하나 고상함이 넘치는 이 거리를 보고 아름다움을 보는 눈이 조금 더 밝아졌으면 좋겠다. 내가 어려서 누리던 문화는 학교도서실의 책과 조그만 라디오 하나가 전부였다. 지금 이 아이들은 이렇듯 먼 나라에까지 와서 생경한 문화를 제눈으로 보고 만지며 자란다. 저 아이들의 생각은 어떨까 궁금해진다. 아테네의 첫날이 간다. 아크로폴리스, 파르테논 신전, 플라카, 이제 오래된 책 속에서 나와 살아 있는 이름이 된 이들이 오래오래 아이들의 좋은 친구가 되어 주었으면 좋겠다.

해가 진다. 돌아오는 길에 국회의사당이 있는 신다그마 광장의 공원에 들렀다. 아테네는 도시 한가운데 있는 이 광장을 중심으로 바쁘게 움직인다고 들었는데, 웬일인지 광장 한 구석의 공원은 잠시 시간이 멈춘 듯 조용하다. 무성하게 뻗어 내려온 나뭇가지 아래의 벤치는 비둘기의 오물로 덮여있고, 그 위에 집 없는 개와 고양이가 함께 앉아 있다. 고즈넉한 저녁 풍경이다. 한쪽 구석에 이제 막 만들기 시작한 크리스마스트리가 길게 누워있다. 그렇구나, 아직 초록이 한창인 이 도시에도 곧 성탄절이 오겠구나. 겨울의 문턱에서 김장철의 분주함이 한창일 서울 생각이 난다. 어두워진 거리를 한참 더 걷고서야 적당한 식당을 찾아 저녁을 먹고 호텔로 돌아왔다.

아테네를 소요하다

오늘은 아테네 시내 구경이다. 호텔을 나서자 마자 바로 아드리아누스 문과 만난다. 2세기 로마 시대에 세워졌다는데 높이가 18m, 폭이 13m라니 거대한 건축물이다. 같은 로마 시대의 아드리아누스 황제가 세운 것이니 안탈리아의 아드리아누스 문과 분위기가 비슷하기는 한데, 안탈리아의 것에서 더 섬세한 아름다움이 느껴진다.

바로 옆에 있는 제우스 신전을 찾았다. 그리스 신화에서 제우스를 뺀다면, 엮어지는 이야기가 별로 없으리라. 많고 많은 신의 우두머리 노릇 하기에도 바쁜데 질투 많은 아내 헤라 거느리랴, 와중에 한눈팔고 무서운 아내 모르게 수습하랴, 더구나 말썽 많은 인간 세상 다스리기는 어디 쉬운 일이었을까. 요즈음에 평가한다면 별로 본받을 것이 없는 그의 모습이지만, 어쩐지 모든 것을 더한 그의 이미지에서는 여유로움이 느껴진다. 가장 인간적인 욕구를 어떠한 명분에도 얽매이지 않고 실행에 옮겼으며 거기에 따르는 온갖 문제도 가장 인간적인 방법으로 대처한 남자, 그러나 그의 공식 명칭은 올림포스의 우두머리 신이다. 신이면서도 지독히 우리 인간과 닮아있는 그의 정체성이 의미하는 것은 무엇일까. 혹시 오늘의 우리는 윤리, 도덕, 규범 따위의 이름으로 오히려 인간을 인간적이지 못하게 하는 울타리에 가두는 것은 아닐까. 흠, 그리스에 오면 누구나 철학자가 된다. 너른 빈터에 몇 개 남지 않은 신전의 기둥을 바라보며 신들의 왕이었다는 그로서도 물리치지 못한 세월의 무상함을 생각해 본다.

배가 아프다는 아이의 손을 잡고 뒤처져서 걷는데, 앞서가는 남자들의 발걸음이 바쁘다. 문명국인 그리스의 거리 사정이 그리 좋지 않다. 도로는 좁은데 차는 홍수처럼 밀려오고, 운전자들은 신호등에 아랑곳하지 않는다. 심지어 초록 불이 들어온 횡단보도에서조차 그들은 보행자를 위협하며 마구 질주한다. 자동차 매연은 말할 것도 없고 도로 가장자리를 걸어도 불안하고 길을 건널라치면 초록 불에 건너도 위험을 감수해야 한다. 더구나 그들은 다혈질인지 별로 속도를 낼 수 없는 도로 상황에서도 몹시 사납게 차를 몬다. 성난 레이서 같다. 거리에 있는 모든 것이 분주하니 이 도시의 손님인 우리의 마음도 바쁘다.

　다음 목적지인 제1회 근대 올림픽 경기장으로 가는 길이 제법 멀다. 아비와 아들이 지도와 거리의 이정표를 보며 찾아가는 모양인데, 쉽지가 않은가 보다. 도착해서 보니 경기장이 꽤 번화한 곳에 있다. 1896년에 제1회 근대 올림픽이 이곳에서 열렸다고 한다. 기원전 331년에 아테네 대축제의 경기장으로 지어진 것이 시초이며 당시에는 관중이 모두 제방의 경사면에 서서 각종 경기를 관람했다. 현재의 경기장은 제1회 올림픽이 열리기 직전에 고대 경기장에 가까운 형태로 복원한 것이다. 5만 명의 관중을 수용할 수 있는 대리석 관람석이 있고, 말발굽 형태의 트랙이 아늑한 느낌을 준다. 입구에 역대 올림픽 개최국의 기념석을 전시해 놓았는데 우리나라도 88년 올림픽 개최국으로서 당당히 이름을 올렸다. 올림픽 깃발이 화려하게 펄럭이는 정문 앞에서 기념 사진을 찍고, 덥다고 난리를 치는 아이들을 데리고 길 하나를 건너가니 도심 속의 작은 공원에 오렌지 나무가 줄지어 들어있다. 나무 밑에 소복하게 떨어져 구르는 오렌지가 그림같이 예쁘다. 하나 주우려고 했더니 성인이가 펄쩍 뛴다.

　오렌지 숲 바로 앞이 대통령궁이다. 궁전은 안쪽으로는 어떤지 모르겠으나 겉에서 보기에는 평범한 현대식 건물이다. 더구나 우리나라 청와대 앞을 지날 때 느끼는 삼엄함 또는 긴장감이 이곳에서는 느껴지지 않는다. 자동차와 행인이 아무런 통제 없이 자유롭게 왕래하고 출입구마다 서 있는 위병의 모습은 관광객의 흥을 돋구어 주기까지 한다. 위병들은 까만 리본을 길게 늘어뜨린 빨간 모자를 쓰고 가슴에 금 단추가 잔뜩 달린 짧은 감색의 원피스를 입었다. 거기에 앞 끝이 뾰족한 가죽신을 신었는데, 신발 코에 빨간 털방울이 앙증맞게 달려 있다. 그들의 민속 의상이라고 한다. 우리 눈에는 딱 그림책에서 나온 인물이다. 한 손에 들고 있는 장총마저 장난감 총처럼 느껴질 만큼 귀여운 모습이다.

대통령궁을 지나 조금 걸으니 골로냐끼 거리이다. 서울과 비교하자면 명동의 어디쯤 되겠다. 보기에도 고급스러워 보이는 구둣가게 옷가게가 즐비하다. 화려한 보석가게 쇼윈도에 코를 박고 구경하는 엄마를 아들이 와서 떼어낸다. 독특한 디자인과 아름다운 색깔, 세련된 디스플레이는 굳이 사지 않아도 아줌마의 마음을 흡족하게 채워주고 아줌마의 눈을 한 단계 높여 준다. 골로냐끼 거리를 벗어나 걸으니 곧 복잡한 시장통이다. 수많은 인파와 길가의 상점, 노점상의 외침이 서울과 닮았다. 방금 빠져나온 골로냐끼의 분위기와는 사뭇 다른 모습이다. 다양한 모습을 지닌 도시, 그것도 서울과 닮았다. 아테네 시내의 속내를 보며 국립 고고학 박물관으로 향한다.

아테네 국립 박물관의 첫 번째 방은 미케네의 방이다. 기원전

20~12세기에 고도의 문명을 가졌다는 미케네 왕국 시대의 유물을 모아 놓았다. 제일 먼저 눈에 띄는 것이 황금마스크이다. 미케네를 발굴한 슐리만이 아가멤논의 얼굴이라고 주장하는 유명한 전시품이다. 사람의 얼굴을 그대로 찍어낸 모습으로, 어찌나 얇은지 만지면 바스러질 것 같다. 다른 하나는 어린아이의 것으로 죽은 아이에게 씌워준 마스크라고 한다. 통통한 볼의 느낌이 귀엽고 꼭 다문 입술에 작은 미소가 보인다. 황금이라도 씌워서 보내고 싶은 부모의 애절한 마음이 담겨 있는 것 같아서 바라보는 사람의 마음에도 애틋함이 고인다.

  21실 디아두메노스의 방에 있는 청동상 '말을 탄 소년'은 조각에 문외한인 내 눈에도 즉시 생동감이 전해온다. 금방이라도 날아오를 듯이 앞발을 치켜든 말 위에 작은 소년이 엎드린 채 말을 몰고 있다. 바람결에 세워진 늘씬한 말꼬리까지 어디 한군데 막힘없이 매끈하다. 고대의 작품을 바라보며 그 시대의 작가가 전하고 싶은 말을 상상해 본다. 아득한 옛 사람과 지금인 듯이 교감하는 짜릿함이 느껴진다.

  이곳의 도자기는 우리나라와도, 또 터키와도 분위기가 전혀 다르다. 도자기에 들어있는 그림들이 매우 사실적으로 표현되어 있고 무언가 내용이 들어있다. 모양도 우리네 김장 항아리같이 커다랗고 배부른 도자기부터 손마디 만한 작고 앙증맞은 도자기까지 다양하다. 다만 검정색이나 붉은 자줏빛 등의 단순한 색으로 채색되어 있어서 나름대로 독특한 분위기가 난다.

제법 큰 도자기 앞에 섰는데 도자기 속의 그림이 눈길을 끈다. 한 무리의 아낙이 아이들의 손을 잡고 서 있고 남자들은 창과 방패를 든 전사의 모습이다. 전쟁에 나간 남정네를 생각하는 여인들의 마음이 읽히는데 시몬이 도자기를 설명하는 글을 읽어준다. 역시 출정하는 남정네를 배웅하는 그림으로, 페르시아 전쟁 시대에 전사의 아내가 남편이 무사히 돌아오기를 기원하며 만든 도자기란다. 동서고금 여인의 마음은 다 같은가 보다. 하기야 남자들의 삶도 치열한 전쟁터에서 살아남아야 하는 것은, 형태가 조금 변했을 뿐 예나 지금이나 별로 다를 바 없는 일이다. 고단하다. 박물관은 겉보기 보다 얼마나 큰지, 전시실이 끝없이 이어진다.

박물관에서 나와 활기 넘치는 오모니에 광장 쪽으로 걸어가며 식당을 찾았다. 점심은 모처럼 내 마음에 드는 식물성 메뉴로 골라 먹었다. 커피까지 한잔 마시고 아테네 시가지를 걸으니 이제는 복잡한 거리도 찾길도 여유롭기만 하다. 오후 시간은 플라카지구로 가서 어제 다 못 본 플라카를 마저 보고 아이들이 보아 둔 기념품을 사기로 했다.

번화한 시가지 큰길에서 살짝 벗어났는데 바로 시장통이다. 꼭 우리나라 남대문 시장 같다. 어물전, 정육점, 잡화점이 한데 모여 도떼기시장을 이루며 법석거린다. 상인마다 생선을 수북이 쌓아놓고 사라고 조르며 코앞에 댄다. 관광객이 살아서 펄떡거리는 그 생선을 살 리 없건만, 장난스럽게 눈을 맞추며 웃음 짓는 넉넉한 인심이 좋다. 정육점에는 햄 소시지 따위의 가공된 고기들이 쌓여있고 천장에는 거꾸로 달린 통짜 고기들이 허연 살피듬을 다 내놓고 있다. 내가 좋아하는 치즈도 다양한 종류를 자랑하며 좌판에 가득하다. 아무렇게나 쌓아 논 알록달록 다양한 과일도 맛있어 보인다. 이름을 알 것도 같고 모를 것도 같은 채소가 가득한 야채가게, 옷가게, 신발가게, 수예품가게도 있다. 시장 안에 유난히 많은 철 제품 가게에서는 촛대와 향로, 주전자와 컵, 물담배기구, 꽃병을 판다. 모두 내가 좋아하는 것들이다.

모퉁이에 있는 작은 양초가게에서 빨주노초파남보 무지개색 양초를 모두 하나씩 샀다. 모양도 예쁘고 값도 싸니 금상첨화다. 지원이는 나중에 서울에 와서 그 양초들을 들여다보며 시장통 구경이 여행 중에 가장 재미있었다고 그리움을 얘기한다.

그리스에는 가죽제품이 싸다고 하길래 멋진 부츠 한 켤레 사려고 서울서부터 별렀다. 소문대로 신다그마 광장 주변에는 구둣가게가 줄지어 늘어서 있다. 모양도 가지가지 색깔도 가지가지라 윈도 안의 구두를 요것조것 짚어가며 구경하는 재미가 쏠쏠하다. 그런데 막상 들어가서 신어보면 발이 편치 않다. 아마 그네들의 발과 우리의 발은 생김새가 좀 다른 모양이다.

플라카로 들어온 나에게 시몬이 선물용으로 이콘이 어떠냐고 묻는다. 어제부터 이콘에 정신이 팔린 나에게 날개를 달아준 셈이다. 바쁘게 여러 이콘 가게를 들락거려보지만 값이 너무 비싸 실망스럽다. 드디어, 운 좋게도 플라카 구역의 성당 안에 있는 이콘 전문 판매소를 발견했다. 성당의 성물 판매소니 말 그대로 현지인 가격으로 판다. 적당한 가격에 산 이콘이 만족스럽다. 기분 좋게 가게를 나오니 아이들이 엄마가 시간을 너무 많이 썼다고 툴툴댄다. 저녁은 호텔 바로 앞에 있는 수다쟁이 아저씨네 타베르나에서 양고기 스튜와 스파게티를 주문했다. 거기에 얼음같이 찬 그리스 맥주까지 한잔 곁들이니 온종일 걷느라고 애쓴 발끝까지 시원하다. 선선한 아테네 밤공기가 따뜻한 가족의 체온을 더욱 살갑게 한다.

세계의 배꼽, 델포이

델포이에서 신탁을 사다

어제 저녁에 시몬이 렌터카를 예약해 놓았다는 말을 들은 후부터 마음이 편치 않다. 보험은 잘 들어 두었다지만 내 나라에서도 초행길은 어려운 법인데 남의 나라에서 달랑 지도 한 장 들고 찾아다녀야 한다니, 더구나 교통지옥인 아테네를 벗어나는 것부터가 불가능해 보인다. 헤르쯔렌터카 대리점에서 시몬이 나머지 수속을 밟고 차를 인수하려고 기다리는 동안, 가만히 길거리 차의 홍수를 보니 볼수록 기가 막힌다. 앞으로의 일정이 모두 장거리 산골 산간 벽지라서 차 없이는 어렵다는 말은 이해가 가지만, 시몬이 운전을 감당할 수 있을까. 잠시 후 직원이 차를 가져오는데 하얀색 엑센트이다. 와중에도 우리나라 자동차를 보니 반갑기는 하다.

거리에 나서자마자 이들의 무질서에 부딪힌다. 차는 차대로 신호등을 무시하고 사람은 사람대로 신호등 따위는 안중에도 없다. 사이사이에 마구 끼어 드는 오토바이까지 한 몫 거드니 한 블럭 빠져 나갈 때 마다 손에 진땀이 난다. 여유있는 척하며 운전하는 시몬이지만 긴장하는 모습이 역력하다. 별 탈 없이 아테네를 빠져 나오니 감사의 기도가 절로 나온다. 그런데 고속도로로 나오니, 무슨 까닭인지 이 사람들의 운전 태도가 시내와는 전혀 다르다. 속력은 대단하게 내지만 추월 의사만 보이면 즉시 비켜 준다. 매우 신사적이다. 성인이가 아빠와 함께 지도를 보며 열심히 이정표를 읽어 주는데 잘 가고 있는 건지 모르겠다. 뒤에서 보는 내 마음이 편치 않다.

허이허이 달려 점심 무렵에 델포이에 도착했다. 깊고 깊은 산중이다. 먼저 배가 고프다고 조르는 아이들을 데리고 델포이 시가지로 들어가 한쪽 벽면 전체가 유리로 된 식당의 창가에 자리를 잡았다. 웬 횡재, 창밖으로 보이는 경치가 환상적이다. 이곳은 고도가 높은 곳인지 창 아래로 산봉우리들이 보인다. 그런데 특이하게도 봉우리와 봉우리 사이가 계곡이 아니다. 올리브 나무 과수원이 평지의 밭처럼 산과 산 사이를 메우고 있다. 어디서도 보지 못한 생경한 풍경이다. 우리가 운 좋게도 명당자리를 차지했다.

레스토랑의 주인이 올리브 절임을 한 접시 가져다주며 자기 집의 자랑거리라고 으쓱거린다. 사실 이스탄불 안드호텔에서 처음 먹어 본 올리브의 맛은 씁쓸하고 짜고 떫어서 별로였는데 차츰 입에 익히니 이제는 먹을수록 맛있다. 주인의 자랑거리답게 이 집의 올리브 절임도 내 입맛에 잘 맞는다. 점심을 먹고 신전으로 올라가니 박물관은 이미 문을 닫았고, 신전 관람은 4시까지란다. 바쁘게 생겼다.

고대 그리스 최대의 성지였던 델포이는 태양신 아폴로의 신역이다. 신전은 까마득히 높은 바위산인 페르나소스산을 뒤로 두고, 앞으로는 겹겹이 포개진 산을 멀리 바라보고 있다. 산과 신전 사이에는 푸르스름한 공기가 가득 차 있어서 무언가 알 수 없는 영험한 신기가 도는 듯이 느껴진다. 마침 한 무리의 까마귀 떼가 낮게 떠다니니 우리는 정말로 신탁이라도 받으러 온 방문객인 양 그 풍경에 압도당한다.

델포이에는 기원전 20세기경에 이미 대지의 여신인 가이아의 성소가 있었으나 역사시대로 접어들면서 아폴로의 숭배가 시작된다. 기원전 8~6세기에는 올림피아의 제우스 신전, 델로스의 아폴론 신전과 함께 그리스의 종교적 중심지로 부상한다. 기원전 6세기 초에 1차 신성전쟁으로 크리사의 지배에서 벗어나며 전성기를 맞지만 제2차, 3차 신성 전쟁의 결과로 포키스인에게 점령되며 쇠퇴의 길로 접어든다. 기원전 4세기에는 마케도니아에, 기원전 3세기에는 골족에게, 기원전 2세기에는 로마의 지배아래 놓이는 굴욕의 시대를 보낸다. 그 후 잠시 부흥의 시대가 있었지만 392년 테오도시우스 황제가 이교 숭배를 금지하며 델포이의 역사는 막을 내린다. 1829년 프랑스의 고고학자들이 이곳의 유적을 발굴했다.

깊은 산중의 유적지답게 참배길이 비탈이다. 길 양옆으로 수많은 돌무더기로 남은 건물의 흔적들이 옛날 영화롭던 시절의 이야기를 전해 준다. 당시 여러 도시국가가 신탁의 답례로 헌상한 보물창고들이다. 그들의 보물은 무엇이었을까. 기원전6세기 리디아의 왕, 크로이소스가 보낸 선물은 6000kg의 황금과 황금궤, 황금사자, 5000갤런들이 금 사발, 4개의 은으로 된 보석함, 금은 살수기, 그리고 120cm에 이르는 황금상이었다고 전해진다. 크로이소스는 무녀 피티아에게서 "크로이소스가 페르시아를 치면 그는 대제국을 깨트리리라"라는 알 듯 모를 듯한 신탁을 받았다고 하는데, 그가 헌상한 선물에 맞갖은 신탁이었는지는 모를 일이다.

특별히 우리의 눈길을 잡는 것이 있다. 고대 그리스 사람들이 대지의 배꼽이라고 믿었던 종 모양의 돌덩어리, '옴파로스'가 그것이다. 그리스 신화에 따르면 제우스는 두 마리의 독수리를 동서로 날려 보낸다. 그는 두 마리의 새가 세계를 가로질러 날아 다시 만나는 곳이 세상의 중심이라고 믿었는데, 옴파로스는 바로 그 위치를 표시하기 위해 세워 놓은 돌이다. 고대 그리스인은 지구가 평평한 원반형이라고 믿었다. 그들은 자기들이 사는 나라, 그리스가 중앙에 있으며 그 중심점이 바로 이곳 델포이라고 주장했다. 당연히 델포이는 세계의 배꼽으로 선포되었다. 원래 옴파로스 돌은 아폴로 신전 지하에 있었는데 지금은 박물관에 전시되어 있고 현장에는 모조품이 놓여있다. 옴파로스는 어느 TV 퀴즈프로에서 2000만 원이라는 거금이 걸린 문제의 주인공으로 출제된 적이 있어 꼭 한번 보고 싶었다.

따가운 햇볕을 받으며 비탈을 올라 아폴로 신전 앞에 섰다. 길이 60m, 폭이 23m에 이르는 웅장한 건물이었다고 전해지지만 남아 있는 것은 몇 개의 기둥과 바닥에 쌓여있는 돌무더기뿐이다. 아! 이곳이 세계의 도시국가들이 아폴로 신에게 경배도 바치고 신탁을 받기도 하던 바로 그곳이구나.

누구나 어려서 한 번쯤 읽어 보았을 옛날이야기 중에 산꼭대기에 있는 괴물에게 시집가는 공주 이야기가 있다. 공주는 뛰어난 아름다움에도 불구하고 청혼이 들어오지 않아 부모의 애를 태운다. 아름다움의 여신인 아프로디테보다 아름답다는 이유로 여신의 저주를 받아 청혼이 들어오지 않는 것이다. 그런 사연을 모르는 그의 부모는 딸의 앞날이 걱정스러워 아폴론의 신탁을 받아 본다. 무녀는 "이 처녀는 인간의 아내가 될 팔자가 아니다. 괴물이 산꼭대기에서 기다리고 있구나!" 라고 절망스러운 신탁을 풀어준다. 주어진 운명을 어찌 거부하랴. 결국, 괴물에게 시집을 간 공주는 나름대로 행복한 결혼생활을 한다. 그러나 밤에만 들어오는 신랑의 정체가 너무나 궁금한 나머지 그만 약속을 저버리고 신랑의 얼굴을 몰래 훔쳐보다 촛농을 떨어뜨린다. 딱하게도 호기심을 못 이겨 여신의 저주를 풀 기회를 놓쳐버린 것이다.

그녀의 이름은 마음이란 뜻의 '푸시케', 그녀의 신랑인 괴물은 사랑이란 의미의 '에로스'이다. 엄마인 아프로디테의 반대에도 불구하고 푸시케를 사랑한 죄로 괴물이 되는 저주를 받았다나. 에로스는 "의심이 깃든 마음에는 사랑이 깃들 수 없다"라는 말을 남기고 떠나버려 푸쉬케의 마음을 애절한 회한에 빠뜨린다. 아름다운 공주의 슬픈 운명을 점친 델포이의 신전을 오늘에서야 본다.

조금 올라가니 원형 극장이 있다. 기원전 4세기의 건축물로 보존 상태가 좋은 편이어서 지금도 여름에는 다양한 공연이 펼쳐진다고 한다. 무엇이 공연되더라도 관람석에서 바라다 보는 이곳의 정경보다 더 장관인 볼거리가 있을까 싶다. 조금 더 걸어 올라가니 고대 스타디움이 있다. 말발굽 모양의 트랙으로 길이가 170m, 폭이 26m로 그리 작은 트랙은 아니다. 어느 날 사냥에 나선 아폴론이 왕뱀 퓌톤을 활로 쏘아 죽인다. 아폴론은 자신의 영웅적인 행적을 기념하기 위해 운동경기를 창시한다. 이 대회가 '피티아 대회'다. 4년에 한 번씩 씨름, 달리기, 전차경주 등의 시합이 이곳에서 열렸다고 한다.
피티아는 죽은 왕뱀의 아내로 제우스는 지아비를 잃은 그녀를 불쌍히 여겨 사람의 모습으로 바꾸어 주고 델포이의 아폴론 신전을 지키는 임무를 주었다. 피티아는 땅속에서 나오는 증기를 마시고 무아지경에 빠져 사람들에게 아폴론의 신탁을 풀어주는 무녀라고 한다. 후세 사람들은 피티아의 무아지경의 상태는 그녀가 환각제를 복용한 덕분이라고 말하는데 진위를 가리기엔 너무 오래전 일이다. 어쨌거나 지아비를 죽인 사람의 예언을 전해주는 역할을 맡은 그녀의 운명도 사람의 눈으로 보면 참으로 드센 팔자다. 야트막한 동산에 안기듯이 만들어진 아담한 스타디움에 앉아, 아들에게 스타디움의 얽힌 옛날이야기들 듣고 간다.

델포이 산골마을

신전을 내려와 델포이 시가지에 숙소를 정했다. 비수기인 덕분에 목가적인 분위기의 고급 호텔을 70불에 잡았다. 깊은 산중의 분위기를 해치지 않으려는 의도인지 이곳의 건물은 모두 2, 3층의 아담한 목조 건물이다. 우리 숙소도 그 중의 하나다. 하얀색 대리석 계단의 차가운 감촉을 느끼며 2층으로 올라가니 먼지 한점 없는 청결함이 느껴진다. 베란다로 나가는 유리문에 따가운 햇볕을 막는 나무 덧문이 붙어있다. 작고 귀엽다. 백설 공주가 찾아온 숲속의 난쟁이네 집 같다.

저녁을 먹기에는 좀 이른 시간이라 아이들을 데리고 거리 구경에 나섰다. 작은 시가지가 조용하다. 거리의 기념품 가게에 들어가 보니 물건도 다양하고 상인들도 친절한데 값은 아테네 보다 비싼 듯 하다. 할아버지가 주인인 어느 가게에 들렀다. 이 가게는 이콘도 있고 아이들이 좋아하는 자잘한 기념품도 많고 값도 적당해 보인다. 물건값을 치르고 가려고 하자, 할아버지가 의자를 권하며 놀다 가라고 붙잡는다. 할아버지는 냉이처럼 생긴 나물을 다듬고 있었는데 그 솜씨가 주부 못지않다.

우리 나이로 70세라는 할아버지는 라디오에서 경쾌한 음악이 나오자 다듬던 나물을 내려놓고 일어선다. 흥에 겨운 할아버지가 같이 춤을 추자고 내 손을 잡고 덩실거린다. 아기같이 볼이 불그레한 할아버지는 내가 춤을 못 춘다고 하니까 몹시 아쉬워하며 다듬던 나물을 치워버리고 손수 커피를 끓여 내 온다. 그리스 커피는 원두를 갈아 직접 물을 붓고 끓여서 거르지 않고 마신다. 걸쭉한 커피를 크림도 없이 마시려니 보기만 해도 무섭다. 할아버지가 맛이 어떠냐고 넌지시 묻길래 인사치레로 맛있다고 했더니 얼른 한 잔을 더 부어준다. 넉넉한 노인네 인심은 동서양 구별이 없는 것 같다.

그날을 기억하면 할아버지와 우리말로 이야기한 듯한 느낌이 드니 그것도 불가사의한 일이다. 피차 엉터리 영어로 주고받은 이야기지만 마음을 담은 대화라서 그렇게 느껴지는 것일까. 서울에 가서 카드라도 보내 드리려고 할아버지 주소도 적고 우리 주소도 적어 드렸다.

할아버지의 아쉬움을 뒤로 하고 호텔로 돌아오니 산골 마을이라 그런지 이르게 해가 진다. 해가 높은 산봉우리 사이사이에 빠지듯이 내려앉으며 온 산의 능선과 하늘을 붉게 물들인다. 해가 지고도 한참 동안 붉게 남아있는 노을을 바라보니, 이렇듯 커다란 아름다움을 조용히 보여주는 자연에 경외심이 인다.

늦은 저녁을 동네에서 가장 근사한 레스토랑에서 먹기로 했다. 모처럼 여행자의 호사를 누린다. 델포이의 역사와 오늘 보고 느낀 것 그리고 할아버지 이야기로 밤이 깊어 가는 줄 모른다. 호텔로 돌아와 베란다에 나서니 눈앞이 모두 별이다. 너무나 투명해서 만지면 물이 되어 쏟아질 것 같은 별들이 손에 닿을 듯이 총총하다. 아이들이 굵은 별이 신기한지 아는 별자리 찾기에 열심이다. 산중의 밤이 소리없이 깊어가고, 벽난로의 장작 타는 냄새가 온 마을에 퍼진다. 멀리 낮에 보이지 않던 바다, 코린시와코스만의 불빛이 은하수처럼 깜박거린다. 낮에 사 모은 물건을 조몰락거리며 누구누구 선물이라고 머리를 맞대고 재잘거리던 두 녀석이 모두 잠들었는지 조용하다. 어느새 나무 침대에 얌전히 누운 녀석들을 보니 토끼 같다. 귀여운 녀석들 예쁜 꿈 꾸거라.

아침밥 짓는 일 놓은 지도 벌써 보름이 넘었다. 그런데도 아침에 눈을 뜨면 영락없이 서울에서 밥하던 시간이다. "일상을 잊기란 얼마나 어려운 일인지". 사치스러운 투정으로 새벽을 맞는다.

베란다로 나오니 동트기 직전의 검푸른 공기가 산골 마을을 휘 감아 돈다. 서늘한 새벽 공기와 함께 피부에 스치는 바람결이 아폴 론의 신탁을 전하던 마을, 델포이라고 속삭이는 듯 하다. 날카로운 봉우리로 솟아있는 이곳의 산들도, 곧 떠오를 해 덕분에 더욱 검은 산 그림자를 쓰고 있다. 해는 산등성이 뒤로 붉게 새벽 하늘을 물 들이고도 한참이나 더 있다가 떠 오른다.

뿌옇게 날이 밝아 오니 아랫동네로 내려가는 길이 올리브나무 숲 사이로 모습을 드러내고, 그 끝으로 마을의 집 몇 채가 보인다. 교회는 보이지 않는데 종소리가 들린다. 일요일이다. 집 떠난 이후 로는 날짜도 요일도 세지 않는다. 터키에선 아침 5시면 모스크에 서 길게 목소리를 뽑는 기도 소리가 들려왔는데 이곳에선 그리스 정교의 교회 종소리가 아침을 깨운다. 우리나라의 새벽 산사에서 듣던 목탁 소리가 생각난다. 모두가 서로 다른 세계를 꿈꾸며, 다 른 모양으로 내는 소리지만 모두 청정한 아침의 소리다.

멀리 항구의 불빛도 이제는 아침 바다 안개에 싸여 스러져 간다. 아침에 보니 호텔이 꽤 높은 산 중턱에 있다. 가파른 산 중턱에 어 쩌면 이렇게도 아름다운 마을을 만들었을까. 대단한 사람들이다. 식당 아저씨가 우리 기척을 느꼈는지 부지런히 식탁을 차린다. 서 늘한 새벽 기운이 따끈한 커피의 향을 진하게 퍼뜨린다.

부지런히 짐을 챙겨 나오는데 손님 할머니 한 분이 호텔 로비의 소파에 파묻혀 책을 읽고 있다. 정갈하게 꾸며진 홀 안에 머리가 하얀 할머니의 모습이 또 하나의 델포이 풍경이 된다. 이제 우리 식구가 된 하얀 엑센트를 타고 떠난다. 마을을 살짝 빠져나와 델포이 신전 앞에서 차를 멈춘다.

신전은 여전히 신비로움에 차 있고, 마을과 올리브 나무숲은 푸른 안개에 싸여있다. 길옆 벼랑 끝에 쌓은 축대 위에 누웠다. 서서는 보이지 않는 파르나소스산의 꼭대기를 보기 위해서다. 하늘도 보고 산도 본다. 길옆의 숲속으로 들어가 보니 샘이 있다. 누군가 샘 옆의 바위에 작은 굴을 파고 그 안에 성모자상의 이콘을 넣어 놓았다. 기름 심지에 불이 붙어 있는 것으로 보아, 사람들의 기도처인 것 같다.

분명 어제 지나온 길인데 다시 거슬러 가니 처음 본 듯이 생경하다. 이제 차는 마을을 완전히 빠져나와 숲과 언덕을 따라 굽이굽이 이어져 있는 길을 따라 달린다. 가끔 벼랑으로 난 길 위에 작은 집이 보인다. 위태로운 절벽 위에 모여 사는 사람들, 깊은 산 중턱에 있는 마을이 외로워 보인다. 카페로 보이는 가게 앞에 주인이 나와 앉아 초겨울의 햇살을 받으며 졸고 있다. 기념품 가게와 식당도 보인다. 저 사람들은 이 높은 곳에서 뭘 해서 먹고 살까. 내 혼잣말로 중얼거리는 소리를 시몬이 들었는지, 겨울이면 스키족이 몰려들어 북새통을 이루는 마을이라고 본 듯이 가르쳐준다. 그래, 정말 그랬으면 좋겠다.

바람난 도시, 코린트

차는 점심 무렵에 코린트로 들어섰다. 코린트는 그리스 본토와 펠레폰네소스 반도의 접점을 이루는 도시이다. 원래는 간신히 본토에 붙어있던 땅이었는데 운하 덕분에 펠레폰네소스 반도는 섬이 되어 버렸다. 섬과 본토는 운하 위에 놓인 철교로 이어져 있다. 말이 쉽지 육지를 파서 바닷길을 만드는 것이 어디 쉬운 일인가. 까마득히 내려다보이는 철교 아래의 바닷길은 작은 샛강같이 초록의 물줄기가 가늘게 보인다. 그러나 70m 절벽 아래 운하의 폭이 23m나 된다고 하니 녹색의 물줄기를 마냥 귀엽게만 봐서는 안될 것 같다. 더구나 역할이 엄청나서 아테네의 외항, 피레에프스 항과 이탈리아의 브린디시 사이의 항로를 320km나 단축했다.

100여 년 전인 1893년에 완성된 이 운하는 로마 황제 네로도 6000명의 유대인을 동원해 공사를 시도했으나 실패로 돌아갔다. 그 후 거의 2000년이 지나고서야, 결국 근대의 기술로 성공했다. 그러나 무슨 일이든 명암이 있는 법이다. 운하가 없던 시절, 당시 서항에 도착한 배는 동항까지 사람이 끌어서 옮겼다고 한다. 안타깝게도 운하의 완성은 졸지에 코린트에서 가장 중요한 일자리를 앗아버린 셈이다. 항구의 역사를 생각해 보면, 오랜 세월 동안 이 도시에서 안정된 직업이었을 '배 끄는 사람들'의 실직은 아마도 당시 도시 전체의 고통이었을 것이다. 요즈음, 우리나라의 실직사태도 심각한 사회문제다. 유유히 흘러가는 운하의 푸른 물줄기를 보며 그들의 아픔도 생각해 본다. 운하를 보고 신 코린트의 시가지를 지나 구 코린트의 유적지를 찾았다.

　구 코린트는 작은 시골 마을이다. 드문드문 농가가 눈에 띄는데 주인은 안 보이고 대신 탐스러운 오렌지 나무가 집을 지킨다. 마당에는 여기저기 농기구들이 널려있고, 거두어 들인 곡식들이 따가운 햇살을 받으며 한 구석에 쌓여있다. 우리네 시골과 다름없는 한가로운 풍경이다. 화려했던 고대 도시 코린트의 위세도, 방탕으로 흥청대던 코린트의 흔적도, 지금은 철조망으로 보호하고 있는 얼마 남지 않은 유적이 아니라면 짐작하기도 어려운 한적한 농촌이다.

기원전 7세기경 코린트는 무역 도시로 전성기를 맞는다. 서쪽은 코린토스만에서 이오니아해 이탈리아로 가는 항구인 내헤이온, 동쪽은 에게해를 통과하여 소아시아 오리엔트 제국과의 연결고리 역할을 하던 항구 켐크레이가 있어 당시의 코린트는 전 세계와 연결되는 거점이었다. 기원전 146년 로마군의 침입으로 폐허가 된 도시를 기원전 44년 로마의 시저가 재건했다고 전해진다.

　도시의 유적 중 가장 중요하다고 알려진 아폴론 신전의 몇 개 남지 않은 기둥이 폐허의 한 가운데 쓸쓸하게 서 있다. 기원전 6세기경 태양신 아폴론을 모시기 위한 신전이다. 그리스 신전 중 올림피아의 헤라신전 다음으로 오래 되었다. 주변에는 상점 등의 아고라가 있으며 특히 로마 시대의 목욕탕에 부설된 화장실이 있는데, 이 시대에 이미 물을 사용해 분뇨를 처리했다고 하여 유명하다.

　유적의 중앙 광장에서 사도 바오로가 전교 연설을 했다고 전해진다. 운하가 없던 시절에 두 항구의 배들은 궤도를 이용하여 끌어서 이동하였다고 하니 노동자의 숫자도 엄청났을 터이다. 더구나 무역으로 번성한 항구도시니 선원의 수도 많아서 도시 전체가 흥청거리며 방탕에 빠진다. 당연히 매춘이 성행하는 타락의 도시로 이름이 높았다. 도시의 타락을 염려한 사도 바오로는 코린트인에게 보내는 편지에서 간곡하게 코린트인의 자성을 촉구한다. "여러분 가운데 음행하는 자가 있다는 소문이 파다합니다. 몸은 음행을 하라고 있는 것이 아니라, 주님을 섬기라고 있는 것입니다. 창녀와 관계를 하는 것은 창녀와 한 몸이 되는 것입니다. 음행을 물리치십시오"라고 적고 있다. 돈 많고 시간 많으면 옛날 사람이나 지금 사람이나 엉뚱한 일에 유혹되기는 마찬가지인가 보다. 우리에겐 바울 같은 선지자가 필요 없는 것일까. 도시나 시골이나 하루가 다르게 늘어나는 이른바 '러브호텔'의 성업은 무슨 연유인지. 바오로 사도의 일갈이 목마르게 그리운 시대다.

예전엔 전 세계로 퍼져 나갈 만큼 코린트의 항아리가 유명했다고 한다. 신석기 시대부터 로마시대까지 이 지방에서 출토된 유물이 전시되고 있다는 코린트 박물관은 유감스럽게도 토요일이라 문을 닫았다. 대신 완벽하게 재현된 상품을 전시하는 유적 근처의 가게에서 항아리 구경을 했다. 주로 붉은 색조와 검은 색조의 그림이 그려 있는 항아리는 아테네 박물관에서 본 것과 같다.

늦은 점심을 먹으려고 근처의 타베르나에 앉았다. 타베르나는 그리스의 전통 식당을 부르는 말이다. 모처럼 고기를 먹어 보려고 햄버거를 시켰는데 햄버거 속의 고기가 충분히 익지 않아 기분이 상했다. 음식을 탓하며 식사를 마쳐갈 무렵에 식당 주인이 주먹만 한 오렌지를 한 바구니 가지고 온다. 집에서 농사지은 오렌지란다. 그리스 어디에나 주렁주렁 달려있는 황금빛 오렌지를 드디어 먹는다. 막 따온 것이라 그런지 달콤새콤하다. 기분도 맛도 최고다.

점심을 먹은 후 다시 한번 마을을 돌아본 다음 떠나려 하는데 올리브나무숲 가운데 조그만 집이 보인다. 이곳에도 안에 이콘이 들어있고 둘레에는 촛불이 타고 있다. 바닥에 촛농이 흥건한 것으로 보아 기도하는 사람이 많은 것 같다. 이 사람들은 무엇을 기도할까 궁금하다. 그리스 사람들은 정말로 이콘을 좋아한다.

제우스의 전당, 올림피아

올림피아 마을

시몬이 갈 길이 멀다고 서둔다. 이제 올림피아로 간다. 조수석
에 앉은 성인이가 네비게이터 역할을 한다. 지도와 이정표를 번갈
아 보며 분주한데, 먼 길을 별 탈 없이 가는 것으로 보아 제대로 하
는 것 같다. 아비는 그런 아들이 대견한지 칭찬하는 목소리에 흐뭇
함이 묻어난다. 그리스에는 과속단속이 없는지 달리는 차마다 속
도가 무제한이다. 앞차 뒤차 모두 속도 무제한이다. 거기에 맞추어
달리는 우리 차가 걱정스럽다. 해 질 무렵에 도착한 올림피아, 먼
저 유적을 찾았으나 모두 관람 시간이 끝났다.

고대 올림픽의 마을 올림피아!! 감격에 겨운 내 마음과는 다르게 올림피아는 조용한 시골 마을이다. 길 양쪽으로 크고 작은 기념품 가게들이 늘어서 있다. 우리나라의 시골 시가지를 보는 것 같다. 큰길을 중심으로 이어진 작은 거리도 돌아보았다. 요즈음 같은 비수기 철이 아니라면 이 시간의 시가지는 한창 북적거릴 때라고 어느 한가한 가게의 주인 아저씨가 묻지도 않은 말을 해준다. 아닌게 아니라 사거리의 가게 앞에는 상인들이 모여 카드 놀이를 하고 있다. 여행자도 상인들도 한가하다.

　동네 골목으로 들어가 보았다. 여염집 몇 채가 무성한 오렌지 나무 그루터기 사이로 보이고, 그 속에서 누런 개 한 마리가 뛰어나온다. 녀석은 달려 나올 때의 기세와는 다르게 나무 밑에서 오렌지 하나를 물고 와서 우리 앞에 던지고 달아난다. 녀석도 어지간히 심심한 모양이다. 올림피아, 듣기만 해도 축제의 분위기가 뿜어 나오는 화려한 이름인데 정작 이름의 주인공은 생각 밖으로 소박하다. 왁자하고 흥겨운 분위기를 상상했던 내 마음이 머쓱해진다.

　해가 떨어지니 작은 시가지가 금방 어두워진다. 동네에서 제법 큰 호텔을 찾아 들었다. 비수기가 맞는지 호텔 직원이 방 하나 값에 방을 두 개 주겠다고 인심을 쓴다. 호의는 고맙지만 사절이다. 네 식구가 한 방에서 머리를 맞대고 놀다가 함께 잠들고 일어나는 재미도 각별하다. 숙소를 정해놓고 다시 나와 저녁 먹을 식당을 찾아보았다.

　어두워지기 시작한 거리에서 주황색의 전등이 따뜻해 보이는 작은 타베르나가 눈에 들어왔다. 사람들이 복작거리는 것이 좋아 보여 문을 열고 들어갔다. 드물게도 아가씨가, 그것도 조각같이 아름다운 그리스 아가씨가 맞아주니 우리에겐 그도 특별하고 좋다. 우리 같은 여행자도 있고, 일과를 끝낸 동네 아저씨도 둘러앉아 이야기가 한창이다. 식당 안을 둘러보니 창문 아래턱에 소라껍데기랑 자잘한 그리스 조각상 따위의 장식품이 옹기종기 놓여있다. 뽀얗게 먼지를 뒤집어쓰고 있는 것으로 봐서 그 자리에 있은 지가 꽤되어 보인다. 촌스럽긴 해도 올림피아 토박이를 보는 것 같아 정겹다. 마을 사람들의 사랑방 같은 식당에서 꾸미지 않은 시골 마을 올림피아의 속내를 맛본다. 그것도 여행자에겐 놓칠 수 없는 호사다. 우리도 올림피아 마을의 한 사람이 되어 그들처럼 올림피아의 한가로운 저녁시간을 누린다. 시몬은 델포이에서 올림피아까지의 먼 여정을 되짚어 이야기하고, 성인이는 델포이의 전설과 내일 갈 미케네의 전설을 이야기한다. 작은 식당이 저마다의 이야기 거리로 훈훈하다. 맥주잔 기울이며 밤새워 이야기 속으로 빠져들고 싶은 저녁이다.

올림피아 제전

아침 일찍 일어나 배낭을 꾸려놓고 식당으로 갔다. 복도에 나와 보니 밤늦게 호텔에 들어온 사람이 많은 모양이다. 여기저기 부산함이 느껴지더니 식당엔 벌써 손님이 가득찼다. 가만히 보니 일본인 관광객으로 모두 70세가 넘어 보이는 노인팀이다. 일선에서 물러난 노인으로 보이는데 시골 올림피아까지 찾아온 것이 놀랍다. 저 사람들도 분명 델포이를 거쳐 미케네까지 둘러볼 터이다. 팔자 좋은 노인들이다 싶었는데, 다시 생각하니 돈만 있다고 할 수 있는 일은 아닌 것 같다. 젊은 사람도 힘든 여정을 찾아다니는 그분들이 존경스럽다.

좀 늦어 장작불이 멋지게 타오르는 벽난로 앞에서 식사하는 호사는 놓쳤지만, 대신 멀리 푸른 숲이 보이는 창가에 앉아 아침 식사를 하고 먼저 올림피아 박물관으로 향한다. 숲속에 숨은 듯이 파묻혀 있는 박물관은 이곳의 유적지에서 발굴된 유물들과 출토품을 모아 전시한다. 일요일이라 입장료가 면제된다니 '기쁨 두 배'다.

전시중인 조각상과 도자기류 그리고 청동 장신구가 아테네 박물관에서 본 것과 크게 다르지 않다. 다만 좀 의아한 것이 있다면 이들의 투구이다. 청동으로 만들어진 투구의 두상이 너무 작다. 앞뒤로는 길이가 좀 길다 싶은데 폭이 몹시 좁아 고대 그리스인의 두상은 저리도 작았는가 싶다. 분명 장식품은 아닐 터. 저렇게 작은 쇠붙이를 머리에 쓰고 어떻게 싸움을 했나 의문이다.

또 하나, 그리스 여인의 조각상에서 특별히 느껴지는 것이 있다. 내 눈에는 얼핏 보아도 요즘 서양인의 얼굴과는 좀 다르게 보인다.

넓적한 얼굴형에 튀어 나온 광대뼈, 잘 발달한 아래턱 그리고 유난히 높은 콧대, 굵직한 이목구비, 예쁘다기보다는 건장하다는 느낌이다. 고대 그리스인의 이상형을 표현한 것인지 고대 그리스인의 실제 모습이었는지는 모르겠으나 강한 인상이다.

특별히 아름다운 헤르메스상. 한쪽 팔에 에로스를 안고 있는 헤르메스는 수려한 모습과 완벽한 균형의 신체를 자랑한다. 조각에 대하여 문외한인 내 눈에도 인체의 아름다움이 느껴진다. 유백색의 대리석은 분명 돌인데 조각의 표면에 손을 대면 따뜻한 헤르메스의 체온이 느껴질 것 같고, 갈비뼈 자국이 선명한 가슴 안에서는 그의 심장 뛰는 소리가 들리는 것 같다.

올림피아는 제우스의 신역이라서 그런지 유난히 제우스상이 많다. 이제 제우스는 길을 가다 마주치면 알아볼 수 있을 것 같다. 넓적한 얼굴에 숱이 많고 덥수룩한 고수머리와 역시 덥수룩한 수염을 기른 모습이다. 수염은 동서양을 막론하고 권위의 상징인지 신들의 우두머리인 그의 조각상에는 유난히도 수염의 표현이 정성스럽다. 얼굴의 반 이상을 가릴 만큼 숱도 많고 곱슬곱슬한 수염 때문인지 그의 인상은 후덕하고 친근하기까지 하다. 한번 만나고 싶다. 정말 재미있을 것 같다.

미케네를 거쳐 오늘 아테네로 돌아가야 할 일정이라 마음이 바쁘다. 아쉽게 박물관을 나와 바로 옆의 유적지로 향한다.

이미 기원전 2000년 전부터 성역으로 조성되기 시작한 올림피아는 기원전 1000년경부터 제우스신을 모신 곳으로 알려져 있다. 특히 고대 올림픽의 발상지로 유명하다. 기원전 776년에 시작된 고대 올림픽은 그리스 전역의 축제로 확산된다. 그러나 393년 테오도시우스 황제에 의해 기독교가 국교로 선포되면서 이교로 여겨졌던 제우스의 신전이 파괴되고 동시에 고대 올림픽의 역사도 끝나게 된다. 더구나 6세기 중엽의 대지진은 올림피아를 완전히 매몰시켜 1875년 발굴될 때까지 1000년이 넘도록 지하도시로 남아있었다.

올림피아 제전의 기원에는 3가지 설이 있다. 첫 번째는 페로푸스가 피사의 왕을 전차경주로 물리치고 왕의 딸과 왕국을 손에 넣은 것을 기념하기 위해 시작되었다는 설, 둘째로는 헤라클레스가 엘리스의 왕을 깨뜨린 데서 시작되었다는 설, 세 번째는 제우스에게 바치는 제사의 일종으로 시작되었다는 설이 있다. 어쨌거나 제전이 시작되면 그리스의 모든 도시국가끼리의 전쟁이 중단되었다고 한다. 이들에게 제전은 왜 그렇게 중요했을까. 삶이 곧 투쟁이라고 해도 틀린 말이 아닐 만큼 늘 전쟁의 위협 속에서 살아가는 이들에게 강인한 체력과 신체는 생존 그 자체였기 때문일까, 아니면 강인한 승부욕이 그들을 한데 모이게 한 것일까. 어차피 제전은 또 다른 형태의 전쟁이기도 했다.

"육체와 정신의 단련 및 국민의 단합을 목적으로 시작된 올림픽"이라고 규정되어있는 올림픽에 대한 정의가 흡족하지 않아서 이런저런 생각을 엮어본다.

그들의 축제도 393년 기독교가 국교로 되면서 1000년을 넘기며 이어온 역사를 접게 된다. 현대의 우리도 한때 이념이라는 보이지 않는 존재에게 모든 것을 휘둘린 것처럼, 그들에게는 종교의 논리가 세상살이의 모든 이치였다.

1500년의 세월이 흐르고서야 부활한 올림픽은 이제 정치, 종교, 이념 등의 색깔을 모두 배제하고 순수한 아마추어 정신을 표방하며 전 세계의 축제가 되었다. 그러나 옛날 올림피아 시대에 제우스 신을 섬기며 열렸던 그들의 축제에 비교할 수 있을까. 이곳에 서니 이방인인 나도 주제넘게 옛 올림피아의 축제가 그립다.

유적의 마당에 들어서니 울창한 숲으로 둘러싸인 돌무더기 숲이 너르게 펼쳐져 있다. 입구 바로 옆의 건물은 필립 2세가 기원전 338년 전 그리스를 통일한 기념으로 만들었다는 '프리타니온'으로 고대 올림픽의 우승자가 초대되어 식사한 영빈관이라고 한다. 이곳이야말로 올림픽에 참가한 모든 선수가 가장 선망의 눈으로 바라보았던 곳이 아닐까. 지금은 원형의 토대와 대리석 기둥이 남아 있을 뿐이다.

오른쪽으로 무척 넓어 보이는 건물의 터에 아름다운 기둥이 제법 형태를 갖추어 늘어서 있다. '팔레스트라'이다. 팔레스트라는 레스링이나 복싱의 연습장이라고 한다.

그 앞쪽으로 제우스 신전에 바칠, 황금과 상아를 이용해서 높이가 14m에 이르는 거대한 제우스상을 제작한 고대 조각가 피디아스의 작업실이 있다. 지붕은 없으나 어느 정도 실내의 분위기가 짐작된다. 예술가의 작업실답게 아름다움이 느껴지는 것은 나의 예술가에 대한 후한 점수 덕도 있겠다.

헤라 신전이 보인다. 제우스의 조강지처인 그녀에 대한 세간의 평은 대체로 '질투의 화신'이다. 그러나 본인의 이야기를 들어볼 기회가 있다면 그녀는 어떤 말로 자신을 변호할까. 아마도 "세상 사람들 내 말 좀 들어보소. 우리 영감 나가서 하고 다니는 행실을 생각하면 다리라도 부러뜨려 들어 앉히고 싶지만 그래도 명색이 신들의 우두머리인지라 참고 사는 내 속이 썩어 문드러질 지경이라오. 남의 말이라고 그렇게 쉽게 하지 마시오"라고 하지 않을까. 헤라 신전은 기원전 7세기의 것으로 그리스에 남아있는 신전 중 가장 오래되었으며 근대올림픽의 성화를 채취하는 곳으로도 유명하다.

스타디움으로 들어가는 입구 옆에 제우스의 제단이 있다. 바닥에 늘어서 있는 몇 개의 돌덩이가 전부라 제단 터의 흔적만 느낄 수 있을 뿐이다. 올림피아에는 70개 이상의 제단이 있었다고 한다. 그 제단은 각 지역에서 자신들이 모시는 신의 제단이다. 고대 올림픽 제전은 제물을 바치는 것으로 시작되며 공양 후에는 모든 참석자와 일반인들이 함께 음식을 나누어 먹었다고 한다. 제전의 규모로 볼 때 엄청난 양의 음식이 필요했겠지만 이들에게는 음식을 나누어 먹는 즐거움과 전사로서의 일치감을 느낄 수 있는 가장 행복한 시간이었을 것 같다. 넓은 벌판의 폐허 사이사이에 당시의 행복한 군중의 모습을 넣어본다.

　유적의 가장 중심에 제우스의 신전이 있다. 제우스는 그들 신앙의 뿌리와 같다. 당연히 올림피아 성역에서 그의 신전은 중심이 된다. 신전은 기원전 5세기경에 건축되었으며 당시 길이 64m 폭 27m의 웅장한 건물로, 신전 안에는 세계 7대 불가사의 중의 하나인 거대한 높이의 제우스상이 놓여 있었다고 한다. 조각가 피디아스가 황금과 상아를 이용해 만든 제우스상은 4세기 말 콘스탄티노플로 **빼**돌려진 후 그곳에서 소실되었다고 한다.

　신전은 철저한 파괴에도 불구하고 건물의 기단이 되는 바닥은 남아 있어서 신전의 규모도 말해주고 몇 개 남지 않은 돌덩이를 받쳐주고 있다. 신전의 기단 아래에 신전의 기둥이 무너져 내린 순서대로 수북이 쌓인 채 누워있다. 영화 속의 한 장면이라면 필름을 거꾸로 돌려 그 기둥을 다시 기단 위에 우뚝 서게 하고 싶다. 기단 위에 앉아서 무너져 내린 거대한 돌덩이들을 바라다보니 안타깝다. 내가 아쉬워하고 있는 것은 무너진 신전일까. 아니면 신전을 만든 사람들의 지극한 마음일까. 그것도 아니면 모든 것을 사라지게 하는 시간에 대한 한탄일까. 폐허, 시간, 사람 세 단어가 잠시 생각 거리를 준다.

　유적의 이곳저곳을 돌아 드디어 스타디움으로 들어섰다. 경기장으로 들어서는 입구에는 아치의 문이 있고, 문은 길지 않은 회랑으로 경기장과 연결되었다. 직사각형의 운동장은 4면이 완만하게 비탈진 풀밭이어서 내려다보며 각종 경기를 구경하기에는 그만이겠다. 천천히 운동장을 걸어서 돌아보았다.

이제 그리스에서 마지막 일정인 미케네로 떠난다. 원래 일정에는 스파르타도 염두에 둔 모양인데 두 군데를 다 둘러볼 시간은 안 되나 보다. 아비와 아들이 한참을 의논하더니 스파르타는 이제 남은 유적이 거의 없다는 이유로 신 포도를 만들고, 미케네에서 조금 더 여유 있게 보내자며 일정을 정리한다.

유적 입구의 울창한 나무숲에서 도토리 열매를 몇 개 주웠다. 우리 작은눈이 식구에게 줄 선물이다. 도토리 까는 걸 무척 좋아하는 우리 햄스터들, 보고 싶다. 밤만 되면 소란을 떨며 노는 녀석들인데 선아네 식구에게 미움이나 안 샀는지 모르겠다.

아가멤논의 성, 미케네

미케네 가는 길

시몬이 올림피아에서 미케네로 가는 길은 험하긴 하지만 절경으로 소문이 나 있다고 길 안내를 한다. 정말로 굽이굽이 아름다운 산길을 간다. 그리스가 이렇게 험한 산악국가인 줄 이곳에 와서 알았다. 아닌게 아니라 너무 험해서 무섭기는 하지만 어디서도 보지 못한 아름다운 가을 경치를 보는 행운을 누린다. 조금 전에 보고 온 숲은 녹음이 한창이었는데 깊은 산중인 이곳은 단풍이 한창이다. 높고 험한 산 꼭대기에서 아래쪽을 바라보니 마치 심어놓은 듯 크고 작은 봉우리가 가득하다. 그런데 이상하다. 산이 높을수록 계곡도 깊은 법인데 어디에도 계곡이 보이지 않는다. 추측하건대 이곳은 강수량이 매우 적은 것 같다. 기후가 다르니 계곡의 형태도 다른가 보다. 우리나라와는 다른 생경한 산의 모습이 신기하다.

고원 너른 들판에 휴게소가 있다. 파란 하늘과 따가운 햇볕과 고원을 지나는 바람이 전부인 그곳에 앉아 그리스 커피를 청해 마신다. 나그네 되어 누리는 기쁨 중에 이보다 더한 것이 있을까.

가끔, 멀리 보이는 고원에 여염집으로 보이는 한 두 채의 집이 있다. 저곳의 사람들은 어찌 살까 궁금하다. 차는 미끄러지듯이 내려갔다가 다시 오르며 벼랑길을 아슬아슬하게 달린다. 달리는 차만 아슬아슬한 것이 아니다. 깊은 산 절벽 위에 작은 터를 만들어 집을 짓고 사는 이 마을의 모습도 위태로워 보인다.

산꼭대기 동네를 지나다 길가 벼랑 위를 넓혀서 만든 작은 노천 카페 앞에 차를 세웠다. 음료수도 팔고 간단한 요깃거리도 파는 곳인데 전망이 그만이다. 길 바로 아래에는 바람만 불어도 날아갈 것 같이 위태로운 터에 몇 채의 집이 모여 있다. 작은 마을에 교회도 보인다. 교회 앞마당에 있는 무덤도 역시 층계를 이루어 비탈 아래로 늘어서 있다. 이런 모습으로 사는 것이, 오랜 세월 이곳에서 살아가는 이 사람들의 지혜인가 보다. 파란 하늘과 따가운 햇볕, 교회의 빨간 지붕과 십자가가 세워진 무덤, 이들 삶의 모습이 이방인의 눈에는 한없이 이채롭다.

점심 전의 허기를 달래려고 작은 가게에서 사과와 토마토 주스를 샀다. 노란 사과가 어찌나 달고 향기로운지 길가에 서서 껍질째

두 개나 먹었다. 그 때 무언가 기척이 느껴지더니 놀랍게도 하얀 산양 가족 네 식구가 비탈에서 놀다 우리와 눈이 마주쳤다. 아무래도 우리가 산양구역의 침입자가 된 것 같다. 아이가 손을 흔들자 아비 양이 경계의 눈초리로 아기 산양을 가로막고 선다. 아비 뒤에 숨어서 머리만 내밀고 호기심을 보이는 새끼 산양이 몹시 귀엽다. 성인이가 재빨리 그 모습을 카메라에 담았다. 행복한 산양 가족의 가족사진, 어찌해야 전해 줄 수 있을까. 조금 더 비탈로 올라가니 길옆 바위 위에 잘 생긴 회색 산양이 우뚝 서 있다. 차를 세우고 불러 보았다. 벼랑 잘 타는 선수 아니랄까 봐 순식간에 벼랑을 타고 사라지는데 그 너머로도 여럿의 산양이 보인다.

외딴 이곳에도 가끔 사람의 손길이 느껴지는 것이 있다. 조그맣게 기둥을 세워 비둘기집같이 작은 집을 얹어 놓고 그 안에 성 모자상의 이콘을 넣어 놓았다. 안에 있는 기름 심지에 불이 붙어 있는 것으로 보아 종종 사람의 손길이 닿는 것 같다. 나 자신 명색이 천주교 신자인지라 성모자상이 낯설지는 않으나, 왠지 그 작은 처소에서는 우리 어려서 고갯길마다 있던 서낭당의 느낌이 난다. 언젠가부터 흔적도 없이 사라져서 이제는 우리의 기억 속에서도 희미한 서낭당 고갯길의 서늘함이 그리움과 함께 생각난다.

미케네 유적과 일렉트라의 복수

기원전 1600년에서 1400년경에 번영했던 미케네는, 1876년 독일의 고고학자 슐리만이 발굴해내기 전까지는 상상의 도시로 존재해 온 곳이다. 유적의 발굴은 일리아드와 오디세이로 엮어져 내려오는 신화의 이야기가 허구가 아닌 역사적 사실임을 밝혀 놓았다. 미케네는 일찍이 호메로스가 '길이 넓고 금빛 찬란한 도시'라고 찬양하였으며 트로이 전쟁의 주역인 아가멤논의 성이다.

트로이 전쟁만큼 그리스 신들의 이해가 얽히고설킨 이야기가 또 있을까. 제우스와 헤라, 아테나와 아프로디테 등 신과 인간이 함께 얽혀 전해져 내려오는 이야기, 그것도 수천 년 전의 이야기다. 슐리만은 이 황당한 이야기의 근거를 어떻게 찾아볼 생각을 했을까. 생각할수록 대단하다. 다만 그가 이곳의 유물을 자신의 나라 독일로 비밀리에 빼돌리지 않았더라면 미케네, 트로이, 스파르타, 에페스를 발굴한 그의 공로는 이 세상의 어떤 명예와 칭송으로도 부족했을 터이다.

호메로스의 일리아드는, 제우스 신과 스파르타의 왕비 레테 사이에서 태어난 미녀, 헬레네의 남편감을 정하는 일로 이야기가 시작된다. 결혼의 후환을 두려워하는 스파르타 왕에게, 헬레네 부부에게 일이 생기면 그 모임에 참석한 왕들이 힘을 합쳐 돕기로 한다. 헬레네의 남편으로 정해진 사람은 미케네의 왕 아가멤논의 동생인 메넬라오스였다. 이렇게 해서 아가멤논은 호메로스의 대서사시에 얽혀들게 된다.

한편 트로이의 왕자 파리스는 헤라, 아테나, 아프로디테, 극성맞은 세 여신의 미모 다툼에 판정관이 되어야 하는 애꿎은 운명에 처한다. 파리스는 세상에서 가장 아름다운 여자와 짝을 지어주겠노라는 아프로디테의 약속을 믿고, 그녀의 손에 그리스 최고의 미녀에게 주는 사과를 쥐어준다. 사과는 불화의 여신인 에리스의 것이다. 약속한 대로 아프로디테는 파리스에게 그리스 최고의 미녀인 스파르타의 공주 헬레네와 인연을 맺게 해준다. 그러나 헬레네는 이미 메넬라오스의 아내가 아니던가. 불화의 여신인 에리스의 사과가 행복을 잉태할 수는 없다. 이제 파리스의 불행이 시작된다.

파리스는 헬레네를 유괴해 트로이로 데려온다. 헬레네의 남편인 메넬라오스가 펄쩍 뛰는 것은 당연한 일. 메넬라오스는 형인 아가멤논과 전 그리스의 왕에게 원조를 청한다. 스파르타와 트로이는 이렇게 해서 긴긴 전쟁에 휩말린다.

트로이 전쟁은 수많은 신의 이해가 얽혀서 인간에게도 비극을 만들어 내며 이어진다. 물론 파리스도 비참한 죽음으로 생을 마감하지만 그의 조국 트로이도 오딧세이의 저 유명한 '트로이 목마' 계략으로 불바다가 되며 함락된다.

그러나 아킬레우스와 더불어 트로이 전쟁 승리의 주역인 아가멤논의 불행은 정작 이제부터 시작된다. 아가멤논은 트로이 전쟁 출전 중에 아르테미스 여신의 사슴을 죽이는 대실수를 저지른다. 아가멤논은 전쟁의 승리와 여신의 노여움을 풀기 위해 장녀 이피게

니아를 제물로 바친다. 그의 아내는 자식을 제물로 바친 남편에게 깊은 원한을 품게 되어, 전쟁에서 승리한 후 트로이의 왕녀 카산드라를 첩으로 삼아 미케네로 돌아온 자신의 남편 아가멤논을 애인 아이기스토스와 함께 살해한다. 아가멤논은 돌아오던 날 왕궁의 목욕탕에서 무방비 상태로 변을 당한다. 비극은 이어진다. 어머니가 부친을 살해한 사실을 알고 있는 차녀, 일렉트라는 남동생 오레오레스가 성장하기를 기다린다. 장장 8년 동안이나 아버지의 원한을 풀기 위한 복수의 칼날을 갈다가 드디어 동생과 함께 엄마와 엄마의 애인을 살해한다.

아르골리스 평야 동쪽 언덕에, 맑은 햇살을 받으며 무심히 남아 있는 미케네 유적이 바로 그 비극의 현장이다. 비탈길을 따라 걸으니 성벽이 보이고 성벽 가운데 미케네의 상징인 사자의 문이 보인다. 문 위 커다란 삼각형의 돌에 두 마리 사자가 서 있는 모습이 조각되어 있다. 강인한 힘과 위엄이 느껴진다. 문으로 들어서니 원형의 묘지가 있다. 호메로스의 서사시에서 이야기하던 전설이 이 무덤으로 인해서 역사적 사실로 증명되었다. 아테네 국립박물관에서 본 아가멤논의 황금 마스크와 도자기도 이 무덤에서 출토된 것이다. 아가멤논의 아내 클리테무네스트와 그의 애인 아이기스토스의 묘는 왕을 배신한 죄로 왕성 묘지에 묻히지 못하고 사자 문밖에 매장되어 지금도 남아있다고 한다.

묘지를 지나 비탈진 길을 따라 오르니 온전히 산 하나가 유적의 흔적을 담고 있다. 산의 삼면이 깎아지른 절벽이다. 이 도시가 얼마나 적의 침입을 경계하며 골라 지은 요새인지 느껴진다. 정상의 궁전터에는 제법 넓었던 궁전의 흔적으로 바닥과 벽체와 기둥의 잔재 정도가 남아있다. 목욕탕도 있었다고 하는데 어디쯤이 아가멤논 왕이 죽음을 맞은 비극의 현장일까 궁금하다. 전장에서 묻어온 피비린내를 닦아내며 뜨거운 물 속에서 개선장군의 환희를 마음껏 누려보려던 그가, 맥없이 아내의 손에 죽임을 당할 줄이야 상상이나 해 보았겠는가.

호메로스의 이야기 그대로 본다면, 인간의 운명은 올림포스 신들의 사사로운 이해에 따라 운명이 정해지는 가련한 존재에 불과하다. 같은 인간의 처지로 이렇게 말한다면 고난의 생을 온몸으로 막아내며 살아온 그의 삶에 대한 폄하가 되려나.

기원전 2000년에 이곳에 정착한 미케네인은 펠로폰네소스 반도를 장악하며 에게해 지역의 지배세력이 된다. 그들은 그리스어의 초기 형태로 추측되는 문자를 남겼으며 미술, 도자기, 건축양식에 있어 화려한 문명을 자랑한다. 기원전 1600년에서 1200년까지 전성기를 이루었으며 기원전 1100년경 침입한 도리스인에 의해 멸망한다. 그러나 이후에도 작은 도시 국가로 존속했음이 후일 출토된 무덤의 부장품으로 증명되었다. 뒤로는 산, 앞으로는 평야를 바라보며 무심히 서 있는 작은 언덕에서 길고도 슬픈 이야기를 보고 간다.

이제 아테네로 돌아갈 시간이다. 어두워지기 전에 아테네에 도착해야 하는데, 떠나는 마음이 바쁘다. 전속력으로 달려서 어둡기는 하지만 아테네 근교로 들어선다. 이집트행 비행기는 자정에 출발이니 시간이야 충분하지만 복잡한 아테네 시가지를 지나는 데 얼마나 걸릴지 몰라서 서두른다. 작은 마을을 지나 아테네 시내로 들어서니 바로 아테네 항구. 바닷가 항구 옆으로 아테네 사람들의 저녁 시간을 준비하느라 식당마다 테이블 세팅에 분주하다. 아름다운 항구의 식당에 앉아보고 싶지만 이제 그리스에서 우리 시간은 다 쓴 것 같다. 아쉬움을 안고 지나친다. 공항에 도착해 자동차를 돌려주고 청사로 들어서니 몸이 천근만근이다.

걱정스러움으로 시작한 그리스여행이 무사히 끝나니 안도와 감사의 마음에 피로가 몰려온다. 그러나저러나 우리 지원이 배가 아파서 걱정이다. 약 먹고 빨리 나았으면 좋겠다. 피곤해서 좀 눕고 싶은데 그리스공항엔 어디에도 눕기는커녕 편히 앉을 의자도 변변히 없다. 이집트로 떠나는 비행기에 오르니 피곤한 몸에도 이집트로 향하는 설렘이 인다.

이집트

태양의 도시, 카이로

첫 인상, 가난한 귀부인

　잠시 곯아떨어져 잠이 든 사이, 이집트에 도착했다. 성인이가 깨운다. 이제 터키, 그리스를 거쳐 마지막 여정이다. 성인이가 가장 보고 싶었다는 나라 이집트, 사실 이 나라에 대해 아는 것이 별로 없는 데도 꽤 친숙한 느낌이다. 그저 '고대 문명의 발상지, 피라미드와 스핑크스, 미이라의 나라'라는 것만 생각해도 가슴이 설렌다. 내 마음도 이런데 아이들의 마음은 얼마나 기대에 차 있을까.

　한밤중에 비행기 트랩을 내려오면서부터 사방을 두리번거린다. 성인이는 '남'은 몰라도 '자신'이 인정하는 이집트 전문가다. 이집트 고대 문자, 히에로글리프를 해석할 줄 알고 자신의 이름 정도는 표기할 줄 아는 수준이며, 특히 파라오와 고대 이집트 신의 내력에 대해서는 해박한 이야기거리를 자랑한다. 당연히 녀석의 발걸음이 제일 재다. 공항에서 이집트 비자를 받고 입국 수속을 하고 1층으로 내려오니 새벽 3시다.

배가 아프다는 아이를 데리고 간 공항 화장실에서, 첫 번째로 만난 이집트 사람인 화장실 청소 아주머니가 우리를 어리둥절하게 한다. 볼일을 보고 나오려는데 화장실 바닥에 종이를 깔고 누워있던 아주머니가 누운 채로 휴지를 건네준다. 고맙다고 인사를 하고 돌아서려는데 무어라고 말을 걸어온다. 이집트 말을 못 알아 듣는 우리가 답답했던지 아주머니는 그냥 가라는 손짓을 한다. 여전히 누운 채다. 알고 보니, 터키는 대부분 화장실이 유료 화장실인 데 비해서 이집트는 공식적으로는 유료화장실이 아니어서 화장지를 떼어주는 명목으로 화장실 요금을 받는 것이다. 화장실에서 젖은 손으로 만져서 그런지 이집트 지폐는 축축하다. 열흘이 넘게 이집트를 여행하며 화장실에 갈 때마다 돈을 꺼내서 만지는 일도 고역 중의 하나였다. 공항에서 환전한 후 서울서 만들어 온 전대에 넣어 허리에다 차니 냄새가 좀 나기는 해도 안전만큼은 특급이다.

비자를 받고 환전도 하고 저마다 제 배낭을 지고 나서니 호텔 삐끼들이 우르르 몰려든다. 단호한 표정으로 이미 숙소를 정했다고 하니까 이번에는 택시를 불러 주겠다고 몰려든다. 수상쩍어 물리치려 했는데 기어이 우리 앞에 택시 기사를 불러낸다. 그 아저씨가 우리와 이집트에서 깊은 인연을 맺게 된 타릭 아저씨다. 그런데 아저씨가 몰고 온 택시가 너무나 낡아서 걱정스러웠다. 어쩌랴, 네 식구가 타고 숙소인 롱챔프 호텔로 향한다.

공항을 벗어나니 바로 카이로의 새벽 풍경이 눈에 들어온다. 짙은 안개에 싸인 도시의 거리에는 한밤중인데도 많은 사람이 나와 웅성거린다. 정적 대신 활기가 넘친다. 아마 이들 최대의 종교 축제인 라마단의 영향인 듯하다. 도시는 안개인지 스모그인지 모를 뿌연 연기에 싸여 시야가 좋지 않다. 더구나 대형사고로 보이는 두 건의 교통사고를 목격하니 마음이 편치 않다.

우리 숙소가 있는 지역은 나일강의 작은 섬으로, 서울과 비교하자면 여의도와 비슷한 지역이라고 한다. 외국인 거주자가 많은 곳으로 카이로에서는 비교적 깨끗하고 치안이 안심할 만한 곳이라고 시몬이 설명한다. 곧 시몬의 말과는 다르게 별로 깨끗해 보이지 않는 건물 앞에 택시가 멈춰 선다. 건물 앞에 검은 제복의 경비원들이 총을 들고 앉아 있다. 관광객의 안전을 위해 건물의 경비를 서는 중이라는데 앳된 얼굴과 마른 체구, 표정 없는 까만 얼굴이 믿음직스럽기보다는 안쓰럽게 보인다.

아이들은 지쳐 졸고 있는데 시몬과 호텔 직원의 이야기가 길다. 호텔직원이 새벽에 온 손님도 1박으로 계산하겠단다. 시몬이 서울에서 계약하기로는 오늘은 계산하지 않고 이후 머물 이틀분에 대해서만 계산을 하기로 했다고 설명하니 직원은 안된다고 우긴다. 더구나 사장이 독일에 체류 중이라 자기는 모른다고 잡아뗀다. 시몬이 서울에서 인터넷으로 예약한 서류와 이메일로 주고받은 내용이 프린트된 서류를 보여주자 그제야 사과하며 방으로 안내한다. 시몬의 꼼꼼한 여행준비가 새삼 고맙다.

배가 아파서 제대로 먹지 못하는 아이를 침대에 눕히니 금세 코를 곤다. 늦은 잠자리에 들어 잠시 눈을 붙였다 일어나니 일곱 시가 넘었다. 어디서나 식구들 '모닝콜'은 주부의 몫이다. 옆방에 가서 아비와 아들을 깨우고 부지런히 나갈 채비를 한다.

호텔을 둘러보니 낡은 건물이지만 정성스러운 집 꾸밈이 눈에 들어온다. 알고 보니 집 주인은 독일사람을 남편으로 둔 이집트 화가란다.

긴 복도를 따라가니 작은 공간이 나온다. 그곳은 복도에 딸린 마루방으로 빅토리아풍의 티테이블과 꽃무늬 프린트가 화려한 의자가 놓여 있고 작은 창엔 레이스 커튼이 걸려있다. 아마도 화가의 나이가 내 또래 중년이 아닐까. 특별히 화려하거나 예쁜 방은 아니지만 내 맘에 쏙 든다. 재미있는 책도 읽고 차도 마시며, 혼자 놀기 딱 좋은 공간이다. 작은 방을 돌아 나오니 모퉁이에 탐스럽게 줄기를 늘려가는 스킨답서스가 놓여 있다. 스킨답서스는 잎새가 무성하고 기르기도 쉬워서 내가 기르는 유일한 우리 집의 화초다. 역시 어디서나 잘 자라는 화초인지 이곳에서도 많이 보인다. 친구를 만난 듯 반갑다.

벽에는 주인의 작품으로 보이는 그림과 전시회 포스터가 걸려 있다. 정작 내 눈길을 끄는 건 그림이 아니고 아래 놓인 유리 항아리이다. 물을 가득 담아 빨간 장미 꽃잎을 띄어 놓았다. 물에 동동 떠 있는 장미 꽃잎이 사랑스럽다. 주인의 취미가 옛 물건을 모으는 것인지 오래된 우체통, 무전기, 조각품, 찻잔 따위의 소품들이 개성 넘치는 공간에서 도도하게 주인공 노릇을 하고 있다.

이윽고 로비, 엘리베이터를 타고 내려가면 다른 세상과 만난다.

그런데 엘리베이터가 오래되어서 그런지 상태가 안 좋다. 문은 덜컹거리고 바닥은 부서질 듯이 흔들린다. 제법 귀족형으로 근사하게 내부를 치장한 엘리베이터가 이제는 너무 낡아서 가난한 귀부인을 보는 것 같다. 못 본 척해주고 싶다.

투탕카멘의 거처, 카이로 국립박물관

열 시쯤 카이로 고고학 국립 박물관에 도착했다. 이집트 사람들은 겨울이라서 춥다고 하는데 우리에겐 여름 날씨다. 옷차림에 유난스러운 외국사람 중에는 거의 벗다시피 한 사람도 있다. 햇빛이 귀한 나라에서 왔다면 요즘 이집트의 햇살 정도라면 맨살에 쬐기 딱 좋겠다. 이집트는 겨울철인 지금이 여행하기 가장 좋은 계절이라고 한다.

박물관은 세계각지에서 몰려든 여행자로 북새통이다. 구내식당에서 간단히 아침을 먹고 붐비는 박물관으로 들어갔다.

아래층 넓은 홀의 거대한 석상들이 들어오는 사람을 한 순간에 압도한다. 그중에서도 박물관의 중앙홀에 놓여 있는 람세스 2세와 그의 부인 네페르타리의 석상이 전시관에 첫 발을 들이는 모든 관람객의 탄성을 자아낸다. 그것을 중심으로 수없이 많은 파라오의 석상과 석관이 줄지어 전시되어 있다. 1922년에 문을 연 카이로 박물관에는 현재 12만 종에 이르는 유물이 전시 중이다. 각 전시실마다 미처 전시하지 못한 유물을 한쪽 옆에 장을 만들어 쌓아 놓았다. 박물관이 아니고 유물의 창고에 들어온 것 같다. 수많은 유물이 부러울뿐이다.

인류문명의 발상지답게 이들의 5000년 역사의 흔적은 대단하다. 인간 능력의 한계는 어디까지일까, 이들이 남긴 유물은 아름다움과 화려함과 정교함의 극치다. 이들은 인간과 신을 연결하는 신적인 존재로서 파라오의 가치를 끊임없이 확인하면서 독특한 예술세계를 창조했다. 그 속에 들어있는 무한한 신비로움을 본다.

1층 전시실을 정신없이 돌다 보니 갑자기 주체할 수 없는 피로가 몰려온다. 대단한 작품을 졸면서 볼 수는 없다. 아이를 데리고 전시관 밖에 있는 레스토랑을 찾았다. 커피를 청하여 마시고 있으니 주인아저씨가 말을 걸어온다. 남편은 어디 있고 형제는 몇이며 어디에 사는지를 묻는다. 이들에게는 아직도 조혼의 풍습이 남아 있는지, 우리 지원이가 끼고 있는 반지가 결혼반지냐고 넌지시 묻는다. 이제 중학교 3학년이라고 대답했더니 뭐 그리 어린 나이도 아닌데 하는 표정이다. 그리고는 자신은 형제가 열둘이고 자식은 다섯이라며 가족 이야기를 시작한다. 이 사람들은 가족 간의 유대가 우리 보다 훨씬 깊어 보인다. 현지인과 나누는 대화는 즐겁다. 말이 좀 모자라면 어떤가, 느낌으로 알아들으면 된다.

아저씨랑 이야기를 나누며 커피를 두 잔이나 마신 덕분인지 잠이 좀 가신다. 다시 전시실로 들어가 이 층으로 올라갔다. 시몬과 성인이를 찾으려 둘러 보았지만 보이지 않는다. 다니다 보면 만나겠지 싶어 우리끼리 다니기로 했다.

이곳저곳 거쳐 들어간 곳이 투탕카멘의 보물이 있는 방이다. 투탕카멘은 고대 이집트의 신 왕국시대의 제 18왕조, 아멘호텝4세의 뒤를 이어 왕위에 올랐다. 여덟 살에 왕위에 올라 9년을 통치하고 17세의 어린 나이에 세상을 떴다. 이렇다 할 치적 없이 어린 나이에 세상을 뜬 왕이라 오히려 도굴꾼의 손을 타지 않고 1922년에 룩소르 왕가의 골짜기에서 그의 무덤이 발견될 때까지 3300년간을 편안하게 잠들어 있었다.

"나는 어제를 보았다. 그래서 내일을 안다."

이렇게 히에로글리프가 새겨진 금관을 포함해서 많은 유물이 카이로의 박물관에 보관되어 있다. 17세의 소년답게 그의 황금마스크에는 앳된 표정이 역력히 들어 있다. 머리에는 가슴까지 내려오는 두건 메데스를 쓰고, 가슴에는 화려한 의식용 목걸이를 두르고, 턱에는 두툼한 의전용 수염을 달았다. 이마에는 언제라도 독을 쏘아 왕을 보호할 준비가 된 뱀 우레우스가 섬뜩한 형상으로 달려있다.

태양신의 아들로서 최고의 권력자인 파라오의 위상을 한껏 차린 투탕카멘 왕의 마스크이지만 소년의 모습을 다 감추지는 못했다. 찬란한 황금빛은 3300년의 세월을 조롱이라도 하듯 완벽하게 소년 왕의 모습을 전해준다. 그가 안다는 것은 무엇이었을까, 궁금하다. 바로 옆에 그의 황금 관이 놓여있다. 그 안에 왕의 미이라를 담았던 관이 또 겹겹으로 들어있다. 관에는 방금 붓을 놓은 듯이 선명한 색채의 그림이 빼곡하다. 황홀한 아름다움을 직접 볼 수 있는 행운이 감격스럽다.

이 사람들은 옛날에 만들었다고 보기에는 몹시도 세련된 장신구를 지녔다. 뛰어난 세공기술로 금과 은은 물론이고 갖가지 보석들도 함께 엮어 아름다운 장신구를 만들었는데 순수한 장식의 목적 외에도 상징물로도 착용하고, 주술적 의미를 가지고 착용하기도 했다. 이들의 정교함과 개성 넘치는 디자인은 요즘 톡톡 튀는 신세대도 따라오지 못할 것 같다.

그중의 하나가 쇠똥구리 장식이다. 이집트 사람들은 매일 동쪽에서 떠올라 서쪽으로 지는 태양을 보이지 않는 거대한 쇠똥구리가 굴리고 다니는 원반이라고 생각했다. 그들은 쇠똥구리를 통해 생명의 원천을 표현한 것이다. 이들에게 쇠똥구리는 탄생과 생명

그리고 부활을 상징하는 중요한 주제이다. 우리에게는 쇠똥이나 굴리고 다니는 그리 귀할 것 없는 작은 곤충이 이 나라에서는 망자가 부착하면 영생을 얻을 수 있는 중요한 그 무엇이라니, 너무나 다른 정서다.

눈이 아프도록 이 방, 저 방 들락거리며 구경하다가 들어온 곳이 13번 방 미이라 전시실이다. 미이라, 말만 들어도 기괴하고 음산하다. 그러나 그들은 죽은 사람이 아니라 바짝 마른 육신에 영혼이 찾아 들어와 부활할 날을 꿈꾸며 잠들어 있는 사람들이다.

산사람에게 있어서 절대로 모를 일 한가지가 있다면 예나 지금이나 저 세상의 일이 아니겠는가. 그런 의미에서 이 방은 산 사람의 호기심을 최대한 자극하는 죽은 사람들의 방이다. 생각해 보면 사람의 시체가 어떻게 전시품이 될 수 있는지 기가 찰 노릇 아닌가.

고대 이집트 사람들은 영생을 꿈꾸는 사람들이다. 그들의 절절한 소망이 미이라를 만들었다. 육신을 잘 보존해 다시 영혼을 맞아들이고 영원한 생명을 얻는 것이 그들의 꿈이다. 머리는 가장 중요한 부분으로 생명의 중심이라 생각했다. 때문에 영혼이 머리의 생김새로 주인을 알아보고 몸속으로 찾아 들어가면 육신이 살아난다고 믿었다. 미이라의 머리에는 생전의 얼굴 모습 가면을 덮어 죽은 이의 모습이 잘 나타나도록 한다. 당연히 신체의 온전한 보존이 절대로 중요한 일이었다. 하여 망자의 신체가 썩지 않도록 방부처리를 하고 향료를 뿌린 후 붕대로 정성스럽게 온몸을 감싸 망자의 신체를 보존하는 것이다.

성인이가 미이라 만드는 과정을 이야기해 준다. 사람이 죽으면 망자의 집에서 시체를 2~3일간 보관한 다음 미이라 기술자에게 보낸다. 먼저, 코를 통해 머리속의 골을 모두 꺼낸 다음 그 자리에 아교를 채워 넣는다. 다음에 옆구리에 작은 구멍을 내 내장을 모두 꺼낸 후 갈대 짚을 넣어 형태를 유지한다. 마지막으로 시신을 잘 닦은 다음 방부처리를 하고 온몸에 붕대를 감는다.

미이라의 부패를 막기 위해 꺼낸 내장은 4개의 단지에 나누어 담아 보관하는데 그 항아리가 카노푸스 단지이다. 카노푸스 단지는 미이라의 관 옆에 같이 묻었는데 사람 머리를 한 임세티는 간, 원숭이 머리의 하피는 허파, 자칼 머리의 두아무테프는 위, 매 머리의 케베세누프는 창자를 담았다.

고대 이집트 사람들은 "내 머리카락은 눈(Nun)의 것이다. 내 얼굴은 라(Ra)의 것이다. 내 눈은 하토르(Hathor)의 것이다"라며 신의 보호를 청했다. 우리가 "신체발부는 수지부모"라고 하며 부모에게 생명의 종속을 느낀다면 이들은 스케일 크게도 그 대상이 신인 셈이다.

이들의 바람대로 여기 있는 미이라의 영혼이 모두 제 주인을 찾아 들어서 그들을 영생의 세계로 인도했을까.

13번 방에는 미이라가 너무나 많아 전시실 양옆의 유리장 안에 켜켜이 쌓아 놓았다. 그것을 보는 느낌이 기묘하다. 붕대도 풀리지 않은 채 만들 당시의 온전한 모습으로 있는 것이 대부분이나 붕대가 풀려 신체 일부가 노출된 것도 있고 전체가 노출된 미이라도 있다. 특이하게 처음부터 팔이나 다리 등 신체 일부분의 미이라도 있는데 아마도 사고로 절단된 신체 일부분이 아닐까 싶다.

미이라 중에는 제 관 속에 누워 선명하게 보존된 얼굴 가면까지 쓰고 있는 것이 있다. 앳된 소년의 얼굴도 있고 아름다운 여인의 얼굴도, 젊은 청년의 모습도 볼 수 있다. 도대체 언제 그림인데 저리도 선명할까. 놀랍기도 하지만 하나같이 아름다운 모습에 연민이 느껴지기도 한다. 저들의 젊은 영혼도 주인을 찾아 들었을까. 요절하는 사람이야 요즘 세상에도 흔한 터에, 몇 천 년 전의 젊은 죽음이 뭐 그리 특별한 일이기야 할까만은, 기왕 인연이 닿아 바라보고 있으니 그들 하나하나의 사연이 못내 궁금하다.

죽음에 대해 두려움을 느끼지 않는 사람이 있을까, 언제가 될지 모르나 꼭 만날 수밖에 없는 죽음. 자기의 죽음은 애써 외면하면서 남의 죽음에는 왜 이리도 호기심이 나는 걸까. 13번 방에는 켜켜로 죽음이 들어있다. 샅샅이 둘러보고 나니 그 방의 느낌이 생각보다 편안하다.

우리는 죽음과 격리되어 산다. 누구나 제 동네에 짓자고 하면 펄쩍 뛰는 납골당이나 화장장, 우리는 어째서 죽음에 관한 일이라면 모두 혐오시설이라고 여기게 되었을까. 죽음을 편하게까지는 아니더라도 그저 평범한 일로 여길 수 있다면, 우리 생활에서 죽음의 존재가 금기일 필요는 없을 텐데 하는 아쉬움이 든다. 나 역시 남보다 덜 한 사람은 아니나 13번 방을 돌아 나오며 그런 생각이 조금은 깨졌다. 큰 공부가 된 것이다.

문제가 생겼다. 아무리 전시실을 돌고 또 돌아도, 우리 집 남자들이 안 보인다. 안 가본 데라고는, 몇 구의 유명한 미이라를 따로 전시해 놓은 특별 전시실뿐이다. 그곳은 박물관 입장료와는 별개로 적지 않은 입장료를 또 내야 한다. 미이라는 많이 보았으므로 더 볼 것이 있나 싶기는 한데, 우리 집 남자들이 그 안에 있을 것 같아서 거금을 내고 아이와 함께 들어갔다. 10구 안팎의 미이라가 전시된 특별 전시관에는 조명, 습도, 온도가 완벽한 상태라고 한다. 건장한 경비원이 총을 들고 문 앞에 서 있다.

그중 하나가 이집트의 유명한 파라오, 람세스 2세의 미이라다. 그는 기원전 1303년, 제 18왕조 이집트 귀족의 아들로 태어났다.

할아버지 프라메스가 람세스 1세라는 칭호로 19왕조를 건설한 뒤, 그의 아버지 세티1 세에 이어 람세스 2세는 24세의 나이에 왕의 자리에 오른다. 66년을 통치하며 90명의 자손을 두었고, 북쪽 나일강의 타니스로부터 남쪽 누비아 지방까지 이집트 전역에 걸쳐 그의 절대적인 영향력을 미친다.

그는 백성을 이끌고 이집트를 탈출하던 모세와 히브리 사람의 이야기가 엮어져 있는 구약성서의 파라오이기도 하다. 이집트 역사상 가장 위대한 파라오로 불리는 그가, 차가운 유리장 안에서 얇은 베 이불 한 장으로 몸을 가리고 두 팔을 가지런히 가슴에 얹고 누워있다. 여느 미이라처럼 죽은 자의 모습이 아니고 누르스름한 피부에 검버섯이 선명한 노인의 모습으로 잠자듯이 누워있다. 머리에는 성기게나마 금발이 남아있다.

"태양신의 아들로서 인간 세상과 신의 세상을 연결하는 파라오는 살아있는 신으로서 전지전능한 힘을 갖는 최고의 권력자이다. 파라오의 몸은 죽어도 그의 영혼은 신성을 유지하며 하토르 여신의 젖을 받아먹음으로써 왕의 신성함은 새롭게 재탄생 한다"

3300년 전 고대 이집트의 영웅 람세스 2세의 영혼은 그의 믿음대로 하토르 여신의 보호 아래, 신성을 잃지 않고 이어가고 있을까. 그러나 제 영혼을 받아들여 부활할 날을 꿈꾸는 그들은 제 육신이 머무는 집인 피라미드를 빼앗기는 운명조차 막지 못했다.

박물관이 폐관할 시간이 다 되어서 바깥으로 나오니 그리 찾아도 보이지 않던 남자들이 거기 서 있다. 박물관 문 닫을 때까지 천천히 구경하겠다던 애비를, 아들 녀석이 기념품 가게 문 닫을까 봐 일찍 끌고 나왔단다. 성인이가 자잘한 기념품을 내보이며 동생에게 자랑한다. 그럴 때 보면 녀석은 영락없이 초등학생이다. 지원이가 부러워 죽겠는 눈치인데 가게는 이미 문을 닫았다.

어쨌거나 남자들 찾는다는 구실로 우리는 박물관 구경을 착실하게 했다. 엄마 구경 많이 하라고 아픈 것 참아준 지원이가 고맙다. 남자들은 어디를 다녔는지 람세스 2세도 보지 못했단다. 우리는 남자들에게 일생일대의 실수를 한 것이라고 놀렸다.

아무리 보아도 끝없이 이어지는 전시실에 산처럼 쌓인 유물은 몇천 년의 시공을 훨훨 넘나들게 한다. 막연히 동경했던 고대 이집트의 문명역시 대단하다, 놀라울 뿐이다. 타고난 그들의 예술성과 창조력 그리고 내세에 대한 희구가 불가사의한 문명으로 남아 전해지고 있는 것이리라.

카오스 카이로

박물관에서 나와 바로 앞의 모감마로 외국인등록을 하러 간다. 박물관 문을 나서니 카이로의 현실은 박물관의 문명과는 관계가 없다. 카이로의 무질서는 말 그대로 살인적이다. 아테네의 혼잡은 비교할 것이 못 된다. 신호등도 없고 차선도 없다. 자동차는 사람을 무시하며 달리고, 사람은 자동차를 무시하며 마구 길을 건넌다.

피차 생명을 건 전쟁이다. 거리는 말할 수 없이 지저분하고 건물은 낡아 우중충하다. 마구 밀치며 지나치는 사람들에게 이리저리 밀리며 서 있으려니 이곳이 대 문명국 이집트의 수도라는 사실이 절망스러워진다. 가난해 보이는 사람들과 가난에 찌든 듯이 보이는 도시 풍경은 도시 전체의 무질서와 온몸으로 부딪치며 서 있는 여행자의 마음을 깊은 혼란에 빠뜨린다.

여행은 아름답고 신기한 것을 보는 것이라는 단순한 생각으로 집을 떠난 사람인 내게 카이로는 좀 더 성숙한 여행관을 요구한다. 성인이는 한 술 더 떠서 서울 집에 가고 싶다고 한다. 아빠는 그 말에 어이없어하지만 나는 녀석의 심정이 이해가 간다. 그래도 집에 가자는 녀석의 말은 좀 심하다. 아비는 카이로는 카오스라며 아들을 다독거린다. 그도 그럴 것이, 녀석의 이집트 사랑은 유별나다.

미이라와 피라미드와 파라오에 대하여 온갖 문헌을 뒤져 섭렵하고, 특히 히에로글리프를 스스로 터득해 읽기도 하고 쓸 줄도 아니, 화려한 고대 이집트의 문명을 제 눈으로 직접 본다는 기대에 얼마나 부풀었던가. 기대가 컸던 만큼 구차해 보이는 이집트의 현실은 큰 충격이었을 것이다. 생각해 보면 거기에 여행의 의미가 있는 것을 이번 여행을 통해서 배워갔으면 좋겠다.

식은땀을 흘리며 길을 건너 찾아간 모감마에서는 두 시가 마감이라며 내일 다시 오라고 한다. 가끔 일어나는 테러 때문인지 몸수색도 경비도 삼엄하다. 우리나라 내무부에 해당하는 모감마의 실내에는 흙먼지가 구석구석 쌓였다. 정부의 중요한 청사인데 어쩌면 이렇게 불결할까 의아하다. 모감마를 나와 이틀 후에 갈 룩소르행 기차표를 사려고 람세스 중앙역으로 간다.

광장 앞의 네거리에서는 경찰이 교통정리를 하고 있다. 신호등에 초록색으로 보행 등이 들어와도 어느 차도 서지 않는다. 이집트 사람들은 밀려오는 차와 부딪쳐 가며 잘도 건너는데, 우리는 도저히 건널 수가 없어서 망연자실 서 있었다. 그렇게 보행 신호등이 몇 번이나 바뀌었을 때, 경찰 아저씨가 우리 쪽으로 오더니 따라오라는 손짓을 하며 홍수 같이 밀려오는 차를 일일이 막아준다. 한없이 서 있는 우리가 딱해 보였던 모양이다. 고맙게 길 하나는 건넜으나 그리 멀지 않은 거리에 있는 역까지 갈 일이 까마득하다.

좀 걸어 보았다. 우중충한 골목길, 큰 거리 작은 거리, 어디에나 사람의 물결이 넘친다. 모두가 빨리 돌리는 필름 속의 인물처럼 부산하다. 시몬의 말대로 이곳은 카오스인가. 남루한 사람들, 무질서한 거리와 시장 그런데 뭐라 말할 수 없는 에너지가 느껴진다. 어깨와 어깨가 부딪치지 않으면 걸어갈 수 없는 인파 속에서 거리 구경도 좋지만 시몬이 어깨에 멘 가방이 영 불안하다. 신경이 쓰여 옷 속으로 넣으라고 채근해도 괜찮다고 하며 말을 안 듣는다.

걷다가 길 건너기가 하도 무서워 택시를 탔는데, 기사 아저씨는 저만큼 역이 보이는 곳에 내려주며 길 하나만 건너면 된다고 한다. 이런 난감할 데가. 길 건너는 게 무서워 택시를 탔는데, 길만 건너가면 된다니. 버스, 트럭, 택시 종류도 다양한 차들이 질주해 오는 길을 재주껏 건너야 하는, 기막힌 현실 앞에서 문득 우리나라 생각이 난다.

우리나라 횡단보도에서는 어쩌다 신호를 무시하고 달리는 차가 있으면, 눈동자가 하얗게 되도록 눈을 흘기며 보행자의 위세를 부리며 길을 건널 수 있다. 여태껏 신호등에 초록 불만 들어오면 안심하고 건널 수 있는 것이 얼마나 큰 행복인지 모르고 살았다. 한

국의 운전자는 난폭하다, 한국은 도로 사정이 나빠 체증에 시달린
다, 한국의 보행자는 무단횡단을 잘한다, 천만의 말씀이다. 카이로
에 와서 길 하나를 건너보니 서울의 거리가 눈물 나게 그리워진다.

　천신만고 끝에 길을 건너 람세스 역에서 룩소르행 기차표를 사
고 숙소로 돌아가기 위해 택시를 탔다. 차선도 차로도 없이 얽히고
설킨 자동차의 홍수 속에서 쉴새 없이 울려대는 클락션소리. 이리
저리 빠져나갈 구멍을 찾으며 핸들을 마구 틀어대는 기사 덕에 택
시는 마치 놀이공원 범퍼카처럼 정신없이 비틀거린다. 차 사이를
재빠르게 건너던 사람이 차에 부딪히고도 천연덕스럽게 일어나서
걸어간다. 물론 부딪혀도 차의 속도가 제로에 가까우니 크게 다칠
일은 없다. 차끼리 부딪치는 일은 웬만해서는 서로 눈길도 주고받
지 않는다.

　사실 대부분 차는 서울에서라면 이미 폐차가 되었을 것 같은 엉
망의 외양이다. 우리는 이 혼란을 차라리 스릴이라고 느끼며 즐기
기로 했다. 사실, 조금 지나니 재미있기도 하다. 안타까운 일이지
만 그렇게 생각하는 것 외에 아무것도 할 수 없는 우리의 처지에서
어찌할 것인가. 숙소가 있는 동네로 돌어오니 아침에 남루해 보이
던 동네가 다르게 보인다. 카이로에서는 주로 외국인이 많이 머무
는 깨끗한 동네라고 설명하던 시몬의 말이, 오늘 하루 카이로 시내
를 훑고 돌아온 내 눈에 비로소 그 말이 실감 난다. 아침저녁 사이
에도 변하는 것이 사람의 눈 인심이다. 조용하고 아늑한 동네라고

느껴지며 안도의 한숨이 나온다.

이곳에는 다른 건 몰라도 패스트푸드점은 많다. 하디스, 피자헛, 맥도날드 서울에서 많이 보던 가게들이다. 하디스에서 햄버거와 비스킷으로 저녁을 먹으니 아이들이 좋아한다. 배가 아픈 지원이는 햄버거도 먹지 못하고 비스킷 한 조각으로 허기를 면한다. 하얀 쌀죽을 끓여 먹이면 금방 좋아질 텐데. 커피포트 하나 사려고 동네를 훑어보았지만 가전제품 파는 곳이 없다. 동네 소아과에 한번만 다녀오면 바로 나을 병인데, 이럴 때도 서울 생각이 간절하다. 내일은 지원이가 좀 나아졌으면 좋겠다

영원한 불가사의, 피라미드와 스핑크스

태양으로 떠나는 선착장, 사카라의 피라미드

오늘은 피라미드를 보러 간다. 어제 공항에서 타고 온 택시 기사 아저씨가 아침에 호텔 앞으로 오기로 했다. 전세 택시인 셈이다. 정확하게 시간을 맞추어 온 타릭 아저씨는 40대 전후로 보이는데, 속눈썹이 길고 눈이 커서 웃으면 유난히 선량하게 보인다. 길거리의 다른 차보다 좀 나아 보이기는 해도 아저씨 차 역시 우리가 보기에는 너무 낡았다. 걱정스럽다.

아침 안개가 뽀얗게 피어오르는 나일강을 건너 시가지로 나오니 거리에는 여전히 아우성이 가득하다. 자동차 경적과 사람들의 고함이 막무가내로 섞여 만드는 아수라장이다. 다행히 어제의 불안함이 아니라 활기찬 풍경으로 보인다. 어느새 카이로의 혼란에 적응되어 간다. 자동차가 큰길을 벗어나 작은 강을 따라 샛길로 들어서니 꿈 같은 풍경이 눈에 들어온다. 강 왼쪽으로 끝없이 펼쳐진 평원 곳곳에 야자수 숲이 울창하다. 푸른 초원과 얼굴을 때리는 따가운 햇살이 이곳이 '아프리카'라는 사실을 일깨운다. 물론 이들의 종교가 이슬람이니 중동의 아랍문화권에 속한다고는 하지만 이 땅은 분명히 '아프리카'다. 발끝까지 짜릿한 전율이 전해온다.

오른쪽으로 강을 따라 이어진 길옆으로 오래된 집들이 늘어서 있다. 생경한 그 모습이 현실인지 영화 촬영장의 세트를 보는지 구별하기 어려울 정도로 완벽하게 비현실적인 풍경이다.

붉은 흙벽돌집의 창문과 출입구는 그저 뚫려 있기만 하다. 벽돌 외에는 아무것도 사용하지 않은 한 칸의 작은 집이 모여 마을을 이루고 산다. 마당이랄 것도 없는 집 앞의 터에 그대로 늘어져 있는 살림살이, 화덕과 솥단지가 보이고 울타리에는 몇 조각의 빨래를 널어놓았다. 뛰어노는 아이들과 아비인 듯한 남정네가 보인다. 남자는 우리네 여자들 잠옷처럼 길게 내리 닫힌 원피스를 맨살 위에 입고 머리에는 수건을 둘렀다. 여자도 얼굴만 겨우 내어놓고 큼직한 수건으로 모두 머리를 감추고 있다. 긴 치마를 입고 윗옷은 스웨터 같은 것을 걸쳤다. 이들에게 이 계절은 겨울이다. 백 년 전의 세상으로 뚝 떨어진것 같다.

우리 자동차 옆으로 나귀가 끄는 수레가 지나간다. 말보다 키가 작은 나귀가 귀를 토끼같이 쫑긋 세우고 이마에는 두툼한 밴드를 둘렀다. 작은 키, 작은 몸집에 나무 수레를 달았다. 풀더미를 가득 실은 수레를 끌고 자박자박 걷는 나귀의 모습이 애처롭다. 처음 보는 나귀의 모습이 예쁘다. 힘겹게 걷는 나귀보고 예쁘다니, 나귀가 들었다면 화를 낼 것 같다. 나귀야 미안해. 나귀는 이곳의 중요한 운송수단인지 밭에도 길에도 수레를 단 나귀가 많다.

강가에 사는 이 사람들은 염소와 양, 말, 닭과도 한 식구처럼 어울려 산다. 집 앞마당에 모두 풀어놓고 기르는데 그들의 오물이 모두 강으로 흘러 들어 강물은 탁하기 이를 데 없다. 상수도 하수도는 물론 전기도 들어오는 흔적이 없다. 그 물에서 얼굴을 씻고 빨래도 한다. 이 사람들은 강물도 식솔로 여기며 더불어 사는 것 같다.

낯선 풍경에 넋을 잃고 있는 사이에 차가 모래언덕으로 올라간다. 안개와 흙먼지 속에 거대한 사막이 나타났다. 연필로 금 그은 듯 경계 진 한쪽의 푸르디푸른 초원과 다른 한쪽의 거친 모래벌판의 대비가 한없는 자연의 신비를 느끼게 한다.

'오아시스'의 의미를 한순간에 깨닫는다. 나일강을 안고 있는 카이로는 사막 한가운데의 오아시스다. 모래언덕에서 내려다보는 카이로는 사막과 극명한 대비를 이루며 초록색이 얼마나 화려한 생명의 색깔인지 알게 해 준다.

멀리 사막 한가운데 기자의 피라미드 군이 보인다. 세 개의 피라미드가 산같이 서 있다. 모래 먼지인지 안개인지 모를 자욱한 공기에 싸여있어 더욱 신비하다.

기자의 피라미드를 지나쳐 먼저 들른 곳이 사카라 지구의 조세르왕의 피라미드이다. 사카라는 제1왕조 시대부터 묘지로 사용되었던 지역이다. 특히 이집트 최초의 피라미드로 불리는 제3왕조 조세르 왕의 계단식 피라미드로 유명하다. 조세르왕이 자신을 태양신이라고 선포할 만큼 이집트인들은 태양숭배신앙이 두터웠다. 그들의 신앙은 왕족 무덤의 상부 구조를 개조시키기에 이르렀는데 여러 변화를 거쳐 결국 사다리 모양의 계단식 피라미드 모양에 이른다.

죽은 왕은 피라미드의 꼭대기에서 하늘까지 타고 올라갈 범선의 선원을 만나게 되며, 배는 솟아오른 태양이 피라미드의 꼭대기에 불을 붙이는 순간 다시 하늘을 가로질러 항해를 시작한다. 고대 이집트인에게는 절대 신성한 일이었을 그들의 장례의식이 감히 낭만적인 이야기로 들린다. 그러나 21세기의 인간에게도 아직 죽음은 미지의 세계인 것을 생각하면 몇 천년의 세월로도 줄이지 못하는 죽음의 무게가 새삼스럽다. 5천년 전 사람들의 문화를 깊은 감동으로 마음에 담는다.

조세르왕의 피라미드는 기제의 피라미드보다 작다고는 해도 높이가 60여m에 이른다. 15층 아파트의 2배에 이르는 높이지만 너른 사막 한가운데 있어서 그런지 생각보다 거대해 보이지 않는다.

5000년의 긴 세월 동안 마주친 사막의 거친 바람과 뜨거운 햇볕 때문인지, 거대한 석조 건축물이 쇠락한 노인의 모습으로 힘겹게 서 있다.

왕의 장제전을 거쳐 피라미드의 지하 현실에 들어갔다. 머리를 굽히고도 몸 하나 간신히 지나갈 정도인 좁은 통로를 따라 내려가니 작은 방이 나온다. 그곳이 왕의 관이 놓여 있던 곳, 현실이다. 그러고 보니 피라미드 안의 길이 너무 단순하다. 유적을 보호하기 위해선지 최소한의 길만 열어 놓았다. 어쨌든 우리가 상상하던 미로가 아니어서 실망스러웠다. 한번 들어가면 절대 찾아 나올 수 없도록 만든 길 '미로'야 말로 피라미드의 첫 번째 전설이 아니던가. 하지만 피라미드의 내부까지 볼 수 있다는 걸 모르고 간 우리에게는 그것만으로도 다행한 일이다.

피라미드 뒤쪽으로 돌아가니 관광객에게 낙타와 나귀를 태워주는 아저씨가 있다. 다른 사람들이 타는 것을 보니 재미있어 보여 우리도 낙타를 타보기로 했다. 두 사람이 같이 타는데 아이가 앞에 앉고 내가 뒤에 앉았다. 땅에 앉아 있던 낙타가 우리를 태우고 몸을 일으키는 순간 나는 뒤로 떨어질 뻔했다. 낙타가 앞다리를 펴느라 몸을 벌떡 세우는 통에 낙타의 등이 급경사가 되었기 때문이다. 잡을 것이라고는 낙타 엉덩이 쪽의 작은 뿔 하나다. 떨어지지 않으려고 죽을 힘을 다하여 뿔을 잡았다. 천연덕스럽게 일어난 낙타는 이번에는 엉덩이를 씰룩거리면서 걷는다. 낙타가 한걸음 내디딜 때마다 우리도 같이 이쪽저쪽으로 쏠리니 중심 잡기가 보통 어려운 일이 아니다. 낙타의 등이 이렇게 높은 줄 몰랐다. 떨어질 것 같은 공포에 현기증이 난다. 미쳤다. 이걸 왜 탄다고 했는지 후회막심이다. 우리가 무섭다고 소리소리 질러도 무슨 말인지 못 알아듣는 낙타 아저씨는 히죽히죽 웃으며 저만큼 앞서간다.

지나고 나니 그것도 재미있는 추억이 되긴 했지만, 그 순간의 공포는 지금 생각해도 아찔하다. 유적을 나설 때 보니 사카라 지구는 아직도 발굴 중이다. 바람과 모래가 전부인 이곳에서는 무엇이든 시간과 함께 흔적도 없이 사라진다. 사막의 법칙인 것 같다. 사방을 둘러 보아도 모래 안개가 자욱한 거친 사막이다.

설화석고로 남은 람세스, 멤피스의 스핑크스

사막에서 나온 차가 한적한 시골 마을로 들어선다. 등짐을 진 나귀가 길 한가운데서 자박거리며 걷는다. 학교가 파했는지 초등학생으로 보이는 꼬마들이 무리 지어 나오며 우리를 보고 손을 흔든다. 여고생으로 보이는 소녀들은 감색 긴 치마와 흰 블라우스를 입고, 머리에는 모두 하얀 수건을 썼다. 교복인 모양이다. 현재 이집트 사람들의 90퍼센트는 무슬림이라고 한다. 모든 여자의 머릿수건 착용이 그 때문인지 아니면 이 나라의 전통적인 관습 때문인지 그건 모르겠다.

길은 모두 비포장도로이고 한쪽은 풀숲, 한쪽 길옆은 허름해 보이는 집들이 쭉 이어져 있다. 이곳이 마을의 시가지쯤 되는 것 같은데 당나귀 수레와 염소들이 하굣길의 아이들과 함께 사이좋게 길을 나누어 쓰며 제 갈 길을 간다. 그 모습이 정답다. 우리네 학교 앞같이 아이들 간식거리 파는 가게도 보이고, 야채와 과일 따위를 파는 노점도 있고 대장간도 보인다. 타릭 아저씨가 오늘 갈 유적지에는 식당이 없기 때문에 이곳에서 요깃거리를 사가지고 가야 한단다. 조그만 가게에 들어가서 과자 몇 개와 물 한 병을 골랐더니 타릭 아저씨가 자꾸 "십시십시" 하며 무언가를 사라고 한다. 알고 보니 감자 칩이다. 타릭 아저씨는 감자 칩을 무척 좋아한다.

설화석고로 만든 스핑크스가 유명한 멤피스는 고왕국 시대에는 수도로 번성했던 곳이다. 천여 년에 걸쳐 끊임없이 적대하던 상, 하 이집트는 기원전 3000년 무렵, 나르메르 왕에 의해 최초로 통일되고 수도는 상, 하 이집트의 중간지점인 이곳 멤피스에 건설되었다. 통일은 이집트 문명의 비약적인 발전의 계기가 되었고, 이때 제1, 제2왕조의 이집트는 정부조직, 건축토목기술, 예술이 발전했으며 특히 이집트의 문자체계인 히에로글리프가 정비되었고 1년을 365일로 하는 역법이 완성되었다고 한다.

그러나, 이제 이 도시에서 화려했던 고왕국 시절의 흔적은 찾아볼 수 없다. 그저 조그만 시골 마을의 유적으로 남아있을 뿐이다.

유적 입구의 건물 안에 람세스 2세의 거상이 누운 채로 잘 보존되어 있다. 길이가 15m나 되는 거상은 2층에서 내려다보아야 제 모습을 온전히 보여준다. 한적한 마당에는 설화석고로 만든 스핑크스가 앉아 있다. 1912년에 발견되었다는 스핑크스는 통통한 볼을 가진 앳된 미소년의 모습이다. 도시의 사라진 자취가 못내 아쉽다. 어쩌랴, 영광의 시절을 고스란히 끌어안고 외롭게 누워있는 거상의 심상함을 생각하며 하룻길 나그네의 아쉬움을 접는다.

기제로 돌아가는 길에 보니 군데군데 '카페트 스쿨'이라는 간판이 보인다. 이곳도 카페트가 유명한가보다. 관광객에게 카페트를 짜는 모습을 보여주고 팔기도 하는 곳이란다. 하얀색 양철판에 빨간색으로 쓴 글씨가 5000년 전의 고왕국의 세계에서 나를 불러낸다.

신의 지문, 기제의 피라미드

오랫동안 나의 무한한 동경의 주인공이었던 피라미드 앞에 섰다. 쿠푸왕, 카프레왕, 그리고 멘카우레왕의 피라미드. 세 개의 봉우리로 솟아있는 거대한 피라미드 군이 장관을 이루며 멀리서 온 여행자를 맞아 준다. 모두 4왕조에 세워진 피라미드이다.

이집트 최초의 피라미드는 3왕조의 조세르왕의 계단식 피라미드이나, 진정한 의미에서 최초의 것은 4왕조의 초대 왕 스네프르가 다슈르지방에 세운 것이라고 한다. 그리고 대를 이어 아들인 쿠푸왕이 아버지의 건축기술을 이어받아 기제에 완벽한 대피라미드를 세운다. 쿠프왕의 아들 카프라왕 역시 아버지의 피라미드 옆에 나란히 자신의 피라미드를 세우고, 그 옆에 멘카우레왕의 피라미드가 건설되며 4왕조는 피라미드 전성기를 맞는다.

이집트의 상징인 피라미드, 사막 한가운데 모래 안개 속에 서 있는 세개의 피라미드가 눈앞에 있는데도 믿어지지 않는다. 이상한 나라에 떨어진 앨리스의 기분이 이러했으려나. 멀리 모래언덕 끝 지평선에 서 있는 낙타의 모습이 나의 설렘을 부추긴다. 어제 집에 가자고 하던 우리 성인이도 감동에 겨운 표정이다.

피라미드의 내부도 볼 수 있다. 그러나 쿠푸왕의 피라미드는 하루에 제한된 인원이 정해져 있어 불가능하고 카프레왕의 피라미드는 미공개이다. 우리는 멘카우레왕의 현실을 보기 위해 지하 계단을 내려간다. 사카라에서 본 피라미드의 내부와 다르지 않다.

좁은 통로로 한참을 내려가니 자그마한 방이 나온다. 그곳이 왕의 관이 놓여 있던 현실이다. 내려오면서 본, 닫혀있는 문을 열고 들어가면 수많은 방이 미로처럼 얽혀 있으리라. 방마다 죽은 이를 위한 갖가지 물건이 가득 했는데 대부분 도굴되었다고 한다. 도굴 방지를 위해 만들었다는 미로도 소용이 없었나 보다. 이집트 사람들, 만든 기술도 출중하고 뜯어내는 기술도 못지않다.

피라미드의 내부를 보고 나와 그 그늘에 앉아서 가지고 온 점심을 먹는다. 타릭 아저씨에게 미안하다. 독실한 이슬람교도인 아저씨는 라마단 기간에는 아침부터 저녁 다섯 시까지 물 한 모금도 먹지 않는다. 아저씨는 차를 가지고 주차장으로 내려가서 우리가 스핑크스를 보고 내려올 때까지 기다리기로 했다. 우리도 예수 고난의 시기인 사순절 시기를 지내지만, 사실 일주일에 한 끼 단식도 쉽지 않다. 하물며 일하는 사람이 매일 점심 단식이 어디 쉬운 일인가. 타릭 아저씨는 대단하다.

그늘에 앉아 맞은편에 보이는 쿠푸왕의 피라미드를 바라보며 쉬는데, 낙타 아저씨가 와서 낙타를 타라고 조른다. 제 딴에는 화려하게 치장한 낙타들, 어떤 낙타는 머리에 리본까지 두르고 울긋불긋 갈기를 꾸며 바라보면 절로 웃음이 난다. 꼭 시골 선술집의 색시 같다. 낙타야 미안하다.

사실 낙타는 가까이서 보면 웃기게 생겼다. 털도 부숭부숭하고 얼굴도 못생기고 어디 한군데 매끈한 구석이라고는 없다. 하지만 멀리 서 있을 때의 모습은 특별하다. 앞으로 쭉 내민 입과 목, 얼굴의 옆모습, 등의 불거진 혹과 긴 다리의 실루엣이 더없이 멋지다. 더구나 사막의 지평선에 서 있는 모습은 보고 있노라면 "세상에 어떤 사람이 저렇게 멋있는 포즈를 취할 수 있을까" 감탄이 절로 나온다. 나는 낙타에게 반했다.

멀리 있는 낙타를 배경으로 사진을 찍으려는데 마침 유적지에서 순찰하던 경찰이 다가온다. 가족사진을 한 장 찍어준 경찰은 겸연

쩍게 웃으며 손을 내민다. 우리 성인이 또래의 어린 청년이다. 박시시란 이름으로 얼마간의 돈을 주었지만 까만 얼굴에 커다랗고 때꾼한 눈, 가냘픈 몸매의 어린 경찰이 지금도 가끔 생각난다. 그날 이후 우리는 현지 사람들이 사진을 찍어주겠다고 하면 사양한다. '박시시'는 있는 사람들이 없는 사람에게 당연히 희사해야 하는 기부금이라고 하는데, 그들의 그런 정서가 이방인인 우리에게는 늘 어색하다.

이슬람국가인 이집트에서는 라마단 기간에는 모든 관광지가 세시에 문을 닫는다. 부지런히 걸어야 스핑크스까지 보고 나갈 수 있다. 아쉽지만 피리미드 그늘을 떠난다.

카프라왕의 피라미드를 지나 쿠푸왕의 피라미드 앞에 섰다. 멀리서 바라보면 조그만 벽돌 같은 피라미드의 돌덩이들, 가까이서 보면 하나가 집채만 하다. 꼭대기를 바라보려 하니 까마득하다. 높이가 147m에 이르며 평균 2300kg짜리 돌 230만 개가 사용되었다는 이 거대한 건축물의 크기는, 바로 앞에서 바라보아도 크기를 가늠할 수 없다. 세상 사람이 입을 모아 하는 말 '불가사의'라는 말이 떠오를 뿐이다.

쿠푸왕의 피라미드를 완성하는 데는 10만 명이 쉴새 없이 일해도 20년 이상이 소요되었을 것이라고 한다. 상 이집트에서 잘라낸 돌을, 나일강의 뗏목을 이용해 운반하고 지렛대의 원리를 이용하여 쌓았다고 한다. 모든 것을 사람의 힘으로 해야 하는 시대에 노역을 어찌 감당했을까. 쿠프왕의 피라미드는 여름철 홍수기에 농토를 잃어버린 농민들을 위한 구제책이 되기도 했다지만 너무나도 엄청난 건축물 앞에 서니 노동자의 고통 또한 생각해보지 않을 수 없다.

이집트의 예술은 '노예들의 작품'이라고 성인이가 말한다. 덧붙여 이러한 대공사에 얼마나 많은 사람이 희생되었을지 사뭇 비관적이 되는 내게, 시몬은 이런 과정을 거쳐서 인류의 인권도 문화도 발전해 온 것이라고 말한다.

역사는 발전해 간다는 것이 그의 지론이다. 쿠프왕의 피라미드 옆에는 여왕의 피라미드가 있다. 대피라미드라고 말하는 쿠프왕의 그것과 비교할 일은 아니지만, 굳이 비교한다면 10분의 1 크기도 안 된다. 파라오의 석상 다리 사이에 끼어 있는 왕비들의 상, 그들 간 크기의 차이가 많은 생각거리를 준다.

고독한 수호자, 스핑크스

스핑크스는 피라미드보다 약간 아래쪽에 있다. 언덕에서 내려다보니 스핑크스의 뒷모습이 보인다. 스핑크스는 교살자라는 뜻의 그리스어인데, 이집트말로는 살아있는 형상이라는 뜻인 '셰세프 안크'라고 한다. 스핑크스는 내가 생각한 것보다 훨씬 크다. 기제 언덕의 피라미드를 보호하기 위해 세웠다는 말을 증명이라도 하듯 당당하다. 듣던 대로 사람의 얼굴에 사자의 몸이다.

고대 이집트 사람들은 스핑크스가 피라미드의 입구에서 경내에 침입하는 모든 불경스러운 것을 물리치는 힘이 있다고 믿었다. 그러나 불행하게도 스핑크스 바로 앞에 있는 쿠푸왕의 피라미드 밑동은 도굴꾼이 뚫어 놓았다. 이런 모습을 보면 고대 이집트인의 심정은 어떨까. 더구나 카프라왕의 얼굴을 한 스핑크스는 코와 수염이 부서지고 잘려져 나가는 수모를 겪었다. 코는 아랍권의 침입 때 부서졌고 수염은 영국군에 의해 뽑혔다. 현재 뽑힌 수염은 대영박물관에 있다고 전해진다. 파라오의 상징인 메데스를 쓰고 이마에는 왕권을 보호해 주는 우레우스가 달렸으며, 턱에는 의전용 수염으로 단장한 웅장한 스핑크스는 얼마나 장관이었을까. 먼 곳을 응시하고 있는 스핑크스의 옆 모습이 쓸쓸해 보인다.

길이가 73m, 높이가 20m에 이르는 이 석물은, 무슨 연유에서인지 주변이 골짜기처럼 패어있는 반지하의 오목한 공간에 들어앉아 있다. 비가 오지않는 사막이기에 망정이지 우리나라 같으면 여름철 소나기 한번에도 수영하는 스핑크스가 될 것 같다.

아닌 게 아니라 스핑크스는 사막의 모래 속에 오랫동안 묻혀 있었다. 머리 부분만 내어놓고 모래 속에 몸을 묻고 있던 스핑크스는, 왕자 시절의 어느 날 스핑크스의 머리 밑에서 낮잠을 자던 투트모스 4세의 꿈속에 나타나서 모래 속에 묻혀있는 자신을 꺼내주면 왕이 되게 해 주겠다는 현몽을 한다. 물론 모래는 깨끗이 치워져 스핑크스 전체의 모습이 나타나게 되었다. 후일 왕이 된 투트모스 4세는 스핑크스의 두 발 사이에 자신의 꿈을 기록한 비석을 세웠다고 한다.

스핑크스 앞에 있는 카프라왕의 의식사원은, 섬세한 화강암의 기둥을 지붕 없이 이어 만들어 마치 현대의 세련된 건축물의 테라스 같다. 그 안에 설화석고, 경사암, 초록 섬록암으로 깎아 만든 23개의 석상이 늘어서 있다. 조촐하나마 빈틈없이 균형잡인 구성으로 예술성과 의전의 품위가 느껴진다. 언덕 위의 대피라미드 세 개와 적당히 떨어져 있는 스핑크스, 그리고 스핑크스 머리 아래에 조아리고 있는 의식사원, 그들의 조화가 물 흐르듯 자연스럽다.

잠에서 깨듯 일어나 스핑크스를 뒤로 하고 유적지를 나선다. 광장으로 나오니 이집트 아저씨들이 끈덕지게 따라다니며 엽서, 책, 음료수, 작은 조각상 따위의 기념품을 내민다. 온종일 땡볕에서 서성거리니 새까매진 얼굴에 전통 의상인 허름한 원피스를 입고 맨발에 슬리퍼를 끌고 있다. 다행히 표정은 밝고 적극적이다.

젊은 사람, 노인, 아이들 이들이 종일 일하고 버는 돈은 얼마나 될까. 저 안의 찬란한 문화 유적과 그것들의 주인인 이들의 가난이 도무지 어울리지 않는다. 시몬이 옛날 이 유적을 세울 때 일하던 가난한 사람의 후손일 수도 있다고 말한다. 21세기에 가난의 세습이라니 말도 안 되는 소리다. 그러나 날 때부터의 신분 차이가 없어졌을 뿐, 돈이 돈을 벌고 가문이 가문을 낳는다는 말은 맞는 것 같다.

세상의 불평등이 못마땅해 중얼거리는 내게 시몬이 덧붙인다. 그래도 옛날과 비교해 보면 지금 인류가 지향하는 인권의식은 엄청나게 발전한 것이라고. 그건 맞다. "역사는 발전한다"는 시몬의 긍정적인 역사관에 동의하기로 했다.

유적 앞의 광장을 빠져 나오니 바로 시가지다. 광활한 사막 한가운데 있는 피라미드와 스핑크스는 세상의 것이 아닌 양 도도한데, 유적 앞의 세상이 그 정적을 깬다. 어딜가나 활기 넘치는 사람들이 좋다. 기다리던 타릭 아저씨가 빙그레 웃으며 우리를 맞는다. 타릭 아저씨에게는 이집트사람 특유의 수선스러움이 없다.

가는 길에 파피루스 가게에 들렀다. 막연하게 이집트 종이로 알고 있는 파피루스, 파피루스는 나일강 삼각주의 늪지에서 자라는 갈대의 일종이라고 한다. 우리나라의 왕골과 비슷하게 생겼는데 파피루스 만드는 방법이 의외로 간단하다. 먼저 줄기를 며칠 동안 물에 담가 우려낸 후 건져서 가로세로 엇갈리게 놓는다. 그 위에 무거운 쇳덩어리를 올려놓아 얇게 압축시킨 후에 말리면 파피루스가 완성되는 것이다.

가게에서는 친절하게 파피루스 만드는 과정을 실제로 보여준다. 시원한 음료수와 차도 대접해 주고 파피루스에 그린 작품도 보여준다. 이집트 고유의 그림인 사자의 서, 파라오의 모습 등 수백 점의 그림이 있으나 사실 그것에 별로 조예가 없는 우리가 사기에는 고가의 값이라 빈손으로 나온다. 무어라 하지는 않지만, 열심히 설명해 준 주인이 섭섭한 눈치다.

　저녁을 먹고 호텔로 돌아와 아이들과 함께 둘러앉아 게임을 하고 놀았다. 아파서 기운이 없는 지원이도 잠시 잊고 즐거워한다.
　저녁 바람이 좋아 테라스로 자리를 옮겨 앉으니, 낮에 그리도 뜨겁던 햇살은 흔적도 없고 서늘한 바람이 얼굴을 스친다. 맥주 한 잔을 앞에 두고 다시 이야기꽃을 피운다. 낮에 다 못한 이야기, 스핑크스와 사막, 살랑살랑 엉덩이를 흔들며 걷던 낙타, 피라미드 속 풍경, 이야기가 꼬리에 꼬리를 문다. 깔깔거리며 재잘거리는 녀석들, 건성 보고 다니는 것 같아도 볼 건 다 보고 따라 다닌다. 두고두고 그리울 것 같다.

현존하는 과거, 올드 카이로

사막 먼지의 도시

오늘은 카이로 시내 구경을 하러 간다. 9시 정각에 도착한 타릭 아저씨는 두꺼운 스웨터를 입고도 춥다고 어깨를 움츠린다. 아저씨는 우리를 만나면 늘 반갑게 인사를 하며 일일이 악수를 청하는데, 좀 특이한 점이 있다. 나와 악수를 할 때는 항상 시선을 내 얼굴 너머로 두는 것이다. 웃으며 악수를 하는데 눈이 안 맞으니 처음엔 좀 어리둥절했는데, 타릭 아저씨의 성격인지 이집트 아저씨들의 인사 예법인지 그건 모르겠다.

먼저 이집트 국무성인 모감마에 가서 외국인 신고를 하기로 했다. 이집트에서는 7일 이상 머무르는 외국인은 신고해야 한다. 그러나 다시 찾아간 모감마에서는 이제 그런 규정은 없어졌다고 한다. 첫날 갔을 때 그 사실을 말해 주었으면 괜한 헛걸음 안 해도 되는 건데, 모감마 공무원 머릿수만 많지 전혀 도움이 안 된다. 유감이다.

오늘의 중요한 일정 중의 하나는 다음 여정에 필요한 항공권 확인이다. 항공사 사무실에 가야 하는데 이집트 시내에서 택시 운전을 하는 타릭 아저씨도 모르는 곳이 있는지, 터키 항공을 찾느라 카이로 시내를 구석구석 돌았다. 덕분에 카이로의 속내를 볼 수 있었다.

스케일 큰 이집트 사람들의 건물은 크고 화려하다. 그러나 바로 옆 사막에서 쏟아 들어오는 모래바람 때문에 도시는 온통 모래먼지 투성이다. 건물마다 벽은 까맣게 때가 끼어있고 길에는 모래가 쌓여 까만 진흙처럼 늘어 붙어 있다. 큰길 사정은 좀 나은 편이다. 시장의 골목길은 계속 쌓인 먼지와 골목의 가게에서 내다 버린 구정물이 합쳐져서 진창길이다. 카이로의 연간 강수량은 30mm 안팎이라고 한다. 비가 전혀 안 온다고 하는 것이 맞을 정도의 적은 양이다.

하기야 이곳은 사막이 아닌가. 사막에서 무슨 강수량 타령. 사막의 모래 먼지를 뒤집어 쓴 채 평생 빗물에라도 한 번 씻어 볼 기회가 없는 도시다. 에고, 도시의 흙먼지가 이해가 된다. 그러고 보면 우리나라의 장마철은 도시의 대청소 기간인 셈이다. 고마운 일이다. 시몬이 척박한 환경에서 모든 인류의 대문명이 일어났다는 사실을 이야기한다. 어려운 환경일수록 인간의 한계를 초월해 보려는 의지가 생겨난다는 말일 게다. 맞는 말 같다.

사람의 체취가 물씬 풍기는 야채골목도 지나고 소파 만드는 골목, 염색한 천을 걸어놓은 골목도 지난다. 시장에 유난히 빵을 파는 가게가 많다. 둥글넙적하게 빚은 납작한 밀 빵이 이들에게는 우리네 밥 같은 음식인 것 같다. 맛있게 생겼다고 하자 타릭 아저씨가 다음에 자기가 가져다 주겠다고 한다.

시내를 벗어나서 달리던 아저씨가 허름한 마을을 가리키며 자기 부모님이 있는 곳이라고 한다. 지붕 없이 벽채만 있는 건물이 들어선 동네를 보고 하는 말이다. 아저씨의 설명이 없었다면 그저 보통 마을이겠거니 하고 지나쳤을 평범한 모습인데 그곳이 이들의 공동 묘지라고 한다. 무덤이 사막의 바람과 먼지에 모두 묻혀 버리는 것을 막기 위해 벽을 세운 것으로 짐작된다. 물이 귀한 곳이니 잔디나 풀은 엄두도 못 낼 일이다. 그렇구나, 이 사람들의 무덤은 저렇게 생겼구나. 사람 사는 모습이 서로 다른 것은 조금도 특별한 일이 아님을 배운다. 누구나 자신이 속한 자연에 조화되어 살아간다. 땅의 모습에 따라 다름이 있을 뿐, 그 차이를 우월이나 열등으로 구별하는 것은 얼마나 무지한 일인가를 생각해 본다.

차가 비탈로 올라가니 카이로 시내에서 볼 수 없었던 주택이 밀집해 있다. 마당이라고는 없는 허름한 집들이 닥지닥지 붙어있다. 언뜻 보기에는 드나드는 길도 없어 보인다. 나무 한 그루 보이지 않는 마을이 그저 누렇게만 보인다. 멀리서 보아도 가난한 사람들이 사는 동네라는 것이 한눈에 느껴진다. 인기척조차 없는 동네가 폐허같이 보인다. 마당에 널어놓은 빨래가 사람 사는 동네라는 기척을 낼뿐이다. 동네를 뒤로하고 언덕 꼭대기에 오르니 거대한 성벽이 보인다.

살라딘의 성, 시타델

아이들 컴퓨터 게임에서 많이 보던 성채의 모습이다. 가상의 세계에 존재하는 '성'을 실제로 본다. 시타델이다.

시타델은 중세 아랍세계의 영웅 살라딘이 십자군을 격퇴하기 위해 1176년에 건설한 요새이다. 11세기 후반에 셀주크투르크는 비잔틴제국의 소아시아를 침입해 예루살렘을 점령한다. 비잔틴 황제는 로마 교황에게 도움을 청하고, 로마 교황 우르바누스는 동서교회의 통일과 교황권의 강화를 목적으로 1096년 원정을 개시한다. 이름하여 십자군 전쟁이다.

1차 원정에서 십자군은 니케아를 점령하고 소아시아를 거쳐 예루살렘을 점령한다. 이들은 인구 5만의 예루살렘에서 4만 명을 학살하고 약탈을 하며 이교, 이단에 대한 잔학한 만행을 저지른다.

십자군은 유럽 사람들에게는 성지를 지키기 위한 거룩한 전사로 불리지만 아랍인들에게는 목숨을 걸고 싸워야 하는 적이다.

살라딘은 이집트와 시리아인을 결속시켜 강력한 세력을 만들고, 1187년에 1세기 가까이 크리스트교도들이 지배했던 예루살렘을 탈환한다. 지금도 아랍 사람들에게 영웅으로 추앙받고 있는 그는 이교도들에게도 너그러워서 박애주의자로도 알려져 있다. 그 때문인지 유럽의 문예 작품에도 자주 등장한다고. 또한, 이슬람의 부흥에도 힘을 쏟아 카이로에 여러 개의 모스크와 신학교를 건립하였다.

십자군 전쟁은 두 세기를 거치며 13세기에 끝났지만 정말로 끝난 전쟁인가 생각해 보게 된다. 성경의 한 구절을 근거로 2000년 전 자신들의 땅이었다고 주장하며 무력으로 팔레스타인 땅에 들어앉은 이스라엘과, 2천년동안 살아온 터전을 졸지에 잃고 쫓겨난 팔레스타인 사람들과의 분쟁은 요즈음도 조용한 날이 없지 않은가. 632년 마호메트가 승천했다는 황금사원이 있는 예루살렘은 이슬람교도들에게도 성지다. 그러나 중동전 이후 이스라엘은 동예루살렘을 무력으로 점거하고 있다. 팔레스타인과 이스라엘이 갖은 명분으로 교전하며 대치하고 있는 지금의 상황도, 수 세기가 지난 그 당시와 별로 다르지 않음에 놀라게 된다.

시타델 안에 아름다운 모스크가 있다. 무하마드 알리 모스크다. 1857년에 이스탄불의 모스크를 본떠서 만든 것이라고 하는데, 내 눈에도 이스탄불의 블루모스크와 흡사해 보인다. 마루에 앉아서 천장 돔의 아라베스크를 바라보니 신을 향한 지극한 인간의 마음이 함께 보인다. 우리의 신이기도 한 그들의 신 알라께서는 이렇게 아름다운 곳에서 섬김을 받으시니 행복하실 것 같다. "집이 뭐 그리 중요한가, 중요한 건 마음이지." 성전에 대한 내 생각이 이곳의 모스크를 보면서 흔들린다. 아름다운 것은 정말 좋은 것 같다. 마음을 움직이게 하니 말이다. 지금은 색도 변하고 처음의 영롱함도 사라졌지만, 설화석고로 쌓아 올린 모스크의 외벽이 여전히 아름다움을 잃지 않은 채 신비로움을 주고 있다. 해 질 무렵 엷은 자주색으로 물드는 모스크는, 보는 이의 넋을 뺄 만큼 아름답다고 한다. 한낮이라 그 모습을 보지 못해 아쉽다. 하지만 반짝거리는 알라바스터가 석양에 붉게 물드는 아름다운 모습은 상상만으로도 충분하다.

무하마드 알리는 1805년부터 1848년까지 집권했으며 이집트 근대화의 아버지로 불리는 사람이다. 1805년에 스스로 무하마드 알리 왕조를 세우고 오스만트루크 왕조의 지배에서 벗어나 독립하였다. 무하마드 알리는 부국강병책과 식량 증산정책, 교육과 농업 개혁 등을 시행하여 이집트 경제에 커다란 영향을 미친 사람이다. 그러나 그의 사후 이집트는 유럽에서 빌린 막대한 돈 때문에 곤경에 처하고 왕족의 극심한 사치와 낭비는 국민의 지탄을 받는다. 상류층인 왕족과 귀족이 권력과 부를 독점하고 국민의 대다수인 농민이나 노동자 등 하층계급의 사람들은 빈곤과 질병으로 피폐한 삶에서 헤어나지 못했다. 이러한 불평등과 부조리는 결국 국민의 저항을 받는다. 이에 청년 장교 나세르가 봉건왕조의 타파라는 명분으로 혁명정권을 세움으로써 알리 왕조도 막을 내린다.

알리 모스크에 이어 시타델의 한 자리를 차지하고 있는 알리 궁전에 들어가 보았다. 몇 년도인가의 대 화재로 무너져버린 왕가의 저택이 초라하고 을씨년스러워 보인다. 남아 있는 설화석고의 계단만이 옛날의 호사를 말해주고 있다. 직원의 안내에 따라 들어간 왕실의 응접실에는 왕의 초상화와 화려한 가구 몇 점이 놓여있다. 빛바랜 소파 옆에 비록 낡기는 했지만 여전히 우아함을 잃지 않은 의자가 하나 놓여있고 역시 왕실의 품위를 느낄 수 있는 거실장과 램프가 홀 안에 전시되어 있다. 왕실의 가구 앞에 왕과 왕비의 초상화가 놓여있다. 어둑한 방 한가운데에 화려한 의관을 갖추고 위엄있게 서 있는 초상화의 주인공이 아마도 이방의 마지막 주인이리라. 우리도 바깥으로 나와 성벽 위에 서서 기념사진 한 장을 남긴다.

한가한 시타델의 성벽 위에서 내려다보니 유난히도 모스크가 눈에 많이 띈다. 고색창연한 모스크가 여기저기 보이며 카이로 시내의 혼잡에서는 느낄 수 없는 옛 도시의 아름다움이 느껴진다. 하긴 이 동네 이름이 '올드카이로'다.

피곤하다. 아직도 시차가 있는 건지 점심 무렵이면 언제나 정신이 몽롱하게 피로가 몰려 온다. 매점에서 주스와 차를 한잔 마셨는데도 정신이 들지않는다. 이제 그만 나가고 싶은데 시몬이 굳이 시타델 안에 있는 이집트 전쟁박물관에 들어가 보자고 한다. 전쟁박물관이 뻔하지, 총하고 칼하고 군복하고 대포 따위가 있겠지, 투덜거리면서 따라 들어갔다. 역시 예상한 대로 무기와 전쟁 사진이 주류를 이룬다. 물론 전투장면이기는 하지만 대형 그림도 전시되어 있다. 유화로 된 작품도 있고, 청동의 부조 작품도 있다.

유난히 눈길을 끄는 대형 청동 부조의 작품 앞에 섰다. 한글로 김 아무개라고 적혀있는 작가의 이름이 시선을 끈다. 고개를 갸우뚱했더니 시몬이 김아무개는 북한 사람이라고 한다. 곳곳의 작품에도 북한 작가의 이름이 적혀있다. 시몬이 북한은 이집트의 맹방이라고 설명을 덧붙인다. 1948년 유대인들이 팔레스타인 땅에 자기들의 나라를 세우고 독립을 주장한다. 졸지에 2천 년 동안 그 땅에 살고 있던 아랍인들은 살던 땅에서 쫓겨나 난민 신세가 된다. 이집트는 다른 아랍국가들과 함께, 팔레스타인 땅에서 쫓겨난 아랍 형제를 위하여 이스라엘과 전쟁을 선포한다. 그러나 이집트 등 아랍권은 1차, 2차, 3차 중동전에서도 패전한다. 중동의 영토분쟁은 오늘날까지도 계속 이어지고 있다. 이 중동전에 북한이 뛰어들어 이집트의 맹방으로 활약했으며, 유일하게 이스라엘 전투기를 격추하는 전과를 올리기도 했다고.

이집트에는 일본인 관광객이 많이 오는지 이 사람들은 보통 우리를 일본사람으로 간주한다. 한국 사람이라고 말하면 몹시 반가워하며 엄지손가락을 치켜들고 우호를 표시한다. 나름의 이유가 있었던 것이다. 북한이든 남한이든 개의치 않고 코리아라는 나라에 대하여 호감을 표시하는 그들을 보니, 엄격하게 구별된 남한과 북한의 체제 속에 사는 우리가 오히려 머쓱해진다.

시타델을 나와 타흐리르 광장 근처 '켄터키치킨'에서 점심을 먹었다. 이 동네는 맥도널드, 피자헛, 켄터키치킨 같은 패스트푸드 체인점이 많아서 편리하다. 근처에 대학이 있어서 그런지 젊은이들이 가게마다 북적거린다. 어느 나라나 젊은이들 입맛은 비슷한가 보다. 학생으로 보이는 아이들을 보니 학비와 용돈을 대느라 허리가 휠 그들 부모의 얼굴이 떠오른다. 웬 오지랖이람.

원시 기독교의 모습 그대로인 콥트교회

독실한 이슬람교도인 타릭 아저씨는 우리를 식당에 데려다주고 한 시간 후에 만나기로 했다. 자기는 근처의 어느 모스크에 있겠다고 한다. 날마다 점심을 거르니 얼마나 배가 고플까. 잠시 후, 다시 만난 아저씨는 언제나처럼 웃는 모습이다. 아저씨는 흙먼지가 풀풀 날리는 허름한 골목을 이리저리 돌더니 낡아서 허물어질 것 같은 건물 앞에 차를 세운다. 이 나라에서 가장 오래된 콥트교회인 무아라카교회다.

콥트교는 이집트를 중심으로 한 원시 기독교의 일파라고 한다. 이집트에는 40년경에 알렉산드리아를 시작으로 기독교가 전파되었는데 이때 이집트 전역에 다수의 기독교가 생긴다. 알렉산드리아의 기독교는 단성론자였기 때문에 451년 칼레돈 공의회에서 이단이라는 선고를 받으며 교세 확장에 영향을 받는다. 7세기에는 아랍군이 이집트를 정복하면서 상당수가 이슬람으로 개종하며 그렇지 않아도 독자적인 노선으로 교회를 유지하고 있던 콥트교회의 세는 급격히 쇠퇴한다. 그래도 소수파로 남아 엄격한 교리를 지켜가며 오늘날까지 명맥을 유지하고 있다.

올드카이로에는 콥트교회가 밀집해 있다. 전승에 따르면 마리아가 헤롯 왕의 박해를 피해 아기 예수를 안고 피신해 온 곳이 바로 이 지역이라고 한다.

콥트교회의 주교좌 성당이기도 한 이곳은 규모는 작으나 꽉 찬 아름다움으로 이방인에게 감동을 선물한다. 성당의 대문 위에 콥트교 특유의 작은 십자가가 걸려있다. 섬세하고 정교하게 조각된 아치의 문과 아름답게 조화를 이루며 나그네를 맞이한다.

교회 안에는 많은 이콘들이 당시의 이야기를 그림으로 전하고 있다. 마리아가 아기를 안고 당나귀 등에 앉아있고, 요셉이 옆에서 이들을 보호하며 이글거리는 사막을 힘겹게 걸어가고 있는 이콘이 그 중의 하나다.

성당은 내부 수리를 하느라 어수선하여 유서 깊은 이곳에서의 묵상을 어렵게 한다. 아쉽기는 하지만 어쩌랴. 문 열어주는 것만도 고맙게 생각해야지. 둘러보니 참으로 작은 실내다. 사실 소수파의 교회가 무엇 때문에 덩그렇게 클 필요가 있을 것인가. 아담한 실내는 어느 구석을 보아도 빈틈없이 정성스러운 조각으로 장식했다. 천장의 아치에도, 전면의 벽에도, 신자들이 앉는 긴 나무 의자도 모두 조각 작품이다. 교회 안은 오랜 시간 동안 길이 들어 윤이 나는 짙은 고동색의 나무가 주조를 이루고 있다. 의자도 벽도 거의 검은색으로 보이는 고동색의 나무다. 어둑한 실내가 벽면 따라 쭉 늘어서 있는 황금색의 이콘들과 보기 좋게 어울린다.

내부의 장식 중에서 아라베스크 문양들로 보이는 장식이 보이기도 하는데 이슬람과의 평화로운 조화로 느껴진다. 아기 예수가 피난 오셨다는 2000년 전 이곳의 모습을 상상해 본다.

바로 옆의 콥트 박물관은 라마단 기간 중이라 이미 문을 닫았다. 박물관 앞에서 사진 한 장 찍고 나오는데 박물관을 지키고 있던 경찰이 우리에게 박시시를 요구한다. 불쌍한 사람도 아니고, 우리에게 도움을 준 사람도 아닌데 박시시라니, 거절하고 나오니 바라보는 눈빛이 퉁명스럽다.

교회 바로 옆에 있는 그리스정교 세인트조지 교회에 들어갔다. 아무런 사전지식 없이 들어간 그곳에서 그리스에서도 보지 못한 그리스정교 성당의 속내를 본다. 뜻밖의 행운이다. 그리스에서는 멀리서 종소리를 들으며 우리네 성당과 비슷하겠거니 생각했는데 실제로 보니 아주 다르다. 이 성당의 특징은 수많은 이콘을 진열해 놓은 것이다. 제단을 중심으로 오른쪽에는 예수님 왼쪽에는 성모님의 이콘이 있고 가운데 장막을 쳐 놓았다. 아마도 성체를 모셔 놓은 듯 하다.

성당 입구에 모래를 담아 놓은 상자가 있고 옆에는 양초가 놓여 있다. 아마 기도 하러 오는 사람들이 양초에 불을 붙여 꽂아 두는 것 같다. 우리도 양초에 불을 붙여 모래에 꽂아 두었다. 무언가 교회의 의식에 참여한 것 같아 마음이 뿌듯하다.

제단의 윗 쪽에는 이층 난간이 걸쳐있고 난간을 따라 이콘을 진열해 놓았다. 제단 앞에는 특유의 향걸이가 사방에 걸려 있다. 예식의 경건함이 느껴진다. 제단 앞 천장에 수정 같은 보석으로 장식한 커다란 샹들리에가 달려있다. 서쪽 창의 스테인드글라스를 통해 빛을 받은 보석들이 무지개빛을 내며 반짝거린다. 가운데는 신자들이 앉는 의자가 놓여있고 교회 뒷벽에는 독특한 모습으로 조각된 팔걸이 의자가 벽을 따라 늘어서 있다.

의자에 앉아 보았다. 오래된 나무의 냄새와 함께 교회 안의 모습이 한눈에 들어온다. 장중하고 아름답다. 이곳에서도 오래된 물건이 주는 감동을 맛보고 간다. 아래층에 들려 이 교회의 창시자인 세인트조지의 순교장면이 그려져 있는 이콘을 본 다음 약간의 헌금을 하고 아쉬운 발걸음을 뗀다.

라마단의 바자르

오늘의 마지막 일정이다. 타릭 아저씨가 우리를 바자르로 안내해 준다. 바자르의 골목길은 어찌나 복잡한지 한번 들어가면 온종일 헤매도 밖으로 나올 수 없을 것 같이 생겼다. 사람은 많고 길은 좁으니 서로 부딪치지 않고는 걷기 힘들다. 그래도 낯선 물건 보는 맛에 시간 가는 줄 모르고 시장 구경을 한다. 파피루스, 피라미드에 들어있는 장식품의 모형들, 옛날 그릇, 향신료, 머리핀, 옷, 금은방, 신발 가게 따위의 작은 점포들이 좁은 길을 따라 늘어서 있다. 가게마다 상인들이 나와서 손님을 잡아끈다. 조곤조곤 흥정하여 기념품 몇 개 샀으면 좋겠는데 5시에 타릭 아저씨가 우리를 데리러 온다니 마음이 바쁘다. 눈으로만 구경하며 골목길을 따라 올라가니 어느새 막다른 골목이다. 시장의 가장 깊숙하고 외진 그곳에 대장간이 모여있다. 특이하게도 좁은 시장의 막다른 골목 끝자락이 대장간 마을이다. 대장장이가 모루 위에 쇠붙이를 올려놓고 열심히 일하고 있다. 빨갛게 달군 쇠붙이를 두드려서 주전자, 그릇, 작은 농기구 따위를 만들고 있는 이곳의 풍경은 틀림없이 전에 어디선가 본 적이 있다. 까닭을 알 수 없는 비현실감에 돌아 나오는 발걸음이 잠시 무중력 상태가 된다. 어릴 때 꿈속에서 걸을 때의 기분이다.

시장 한가운데 모스크가 있다. 이 사람들에게 모스크는 단순히 예배만을 위한 공간이 아니다. 모스크의 마당은 물건을 사고파는 장터이기도 하고 친교의 장소이기도 하다. 언뜻 들여다보이는 모스크에는 저녁 예배를 올린 다음 함께 나누어 먹을 음식을 들고 모여든 사람으로 가득하다. 라마단 기간인 지금 모스크는 더없이 분주하다. 시장통의 거리에는 음식을 들고 모스크로 모여드는 사람들로 발 디딜 틈이 없다. 저녁 식사를 할 시간인 다섯 시가 가까워지자 시장의 모든 식당은 길가에까지 상을 차려놓고 둘러앉아 예배시간을 기다린다. 우리 지원이만한 소녀가 시장통을 지나는 우리 옷자락을 잡으며 함께 식사하자고 청한다. 시간이 없어서 안 된다고 하니 해맑은 소녀의 얼굴에 서운함이 스쳐 간다. 시간에 쫓겨 그들과 함께 라마단의 음식을 먹을 수 없다니, 못내 아쉽다.

사람들 틈에 섞여 모스크 한구석에 잠시 앉아 있으려니 유난히 눈에 띄는 사람이 있다. 하얀 전통 옷을 차려입은 남자가 역시 고운 색깔의 전통 옷을 차려입은 부인과 가족을 이끌고 모스크로 들어온다. 깔끔한 차림새가 우리 눈에도 예사롭지 않게 보인다. 나중에 알게 된 사실이지만 이슬람에서는 라마단 기간동안 부자들의 희사가 의무라고 한다. 이 기간에 식당에서 내 놓는 음식은 대부분 이들의 희사로 제공되는 것이다. 방금 본 일가족도 오늘 이 지역에 저녁을 제공한 부자가 아닐까 짐작해 본다. 우리도 시간이 있었으면 라마단 밥을 먹어 볼 수 있었는데 생각할수록 아쉽다.

넘치는 인파 속에 섞여 다니며 라마단이 이들에게 얼마나 큰 축제 인가를 실감한다. 이들의 라마단은 온 나라가 들썩거리며 치르는 축제다. 다른 건 몰라도 같은 신앙을 가진 사람끼리의 일치감은 충분히 맛볼 수 있을 것 같다.

오늘 저녁에는 밤 기차를 타고 룩소르로 간다. 독실한 콥트교신자인 타릭 아저씨의 친구는 다시 카이로에 오면 꼭 들리라고 작별 인사를 한다. 람세스역에서 타릭 아저씨와 일일이 악수로 인사를 하고 헤어진다. 섭섭하다. 며칠 후 다시 카이로에 오기는 하지만 다시 타릭 아저씨를 만날 수 있을지는 기약할 수 없는 일이다.

저녁 먹을 곳이 마땅치 않아 역 구내의 카페에서 차를 주문하니 차와 함께 케이크 한쪽을 담아서 내온다. 카페의 넓은 홀에는 나이 지긋한 아저씨 손님이 많다. 사업상의 일보다는 한담을 나누고 있는 것 같은 여유로운 분위기이다.

우리나라 남자들이라면 포장마차라도 들어가 대포 한 잔 주고받는 게 아저씨들의 문화인데, 술을 금기시하는 이슬람의 교리 때문인지 라마단 기간이라 그런지는 잘 모르겠으나, 아저씨들이 조그만 테이블에 얼굴을 맞대고 앉아서 얌전하게 이야기하며 놀고 있다. 그 모습이 신선하기도 하고 우습기도 하다. 이런 문화의 차이를 보는 것도 여행의 즐거움이기는 하다.

커피와 홍차를 번갈아 마시며 두시간 정도 카페에 앉아 있으려니 지루해진다. 8시부터는 일등석 대합실이 따로 있다기에 그곳에서 기다리기로 했다. 낮 같으면 근처의 시장 구경을 하는 것도 즐거운 일이겠지만, 밤중이니 배낭 지고 돌아다니기도 힘들다. 그렇지 않아도 역에 도착하자마자 저녁 먹으려고 들린 람세스역 근처의 시장은 끝날 때가 되었는지 어수선해서 금방 돌아왔다.

다행히 일등석 대합실에는 푹신한 소파에 텔레비젼도 있고 화장실도 있다. 우리가 타고 갈 룩소르행 기차는 9시 30분에 떠난다. 지친 몸을 소파에 묻고 졸고 있는데 아이가 엄마를 깨운다. 저쪽에 앉아있는 아줌마가 먹는 게 무엇인지 궁금하단다. 에구, 우리 지원이가 아파서 제대로 먹지를 못 하니 먹는 것에 신경이 많이 쓰이나 보다. 머리에 수건을 쓰고 깔끔한 코트를 입은 중년의 아주머니가 아이가 먹고 싶어 하는 것을 눈치챘는지 빙그레 웃으며 아이를 부른다. 지원이가 머뭇거리자 얼른 일어나 과일 두 개를 가져다준다. 뜻밖의 친절이 감사하다. 먹어보니 바나나와 참외를 반반씩 섞어놓은 것 같은 맛이다. 부드럽고 향기롭고 달콤하다. 나중에 지원이는 시큼한 맛도 있었다고 제 기억을 보탠다. 어딜가나 자식 기르는 아줌마들의 인정은 넉넉하고 따뜻하다. 이름 모를 과일 두 개가 카이로의 추억에 예쁜 추억 하나를 더해준다.

대신전의 도시, 룩소르

나일강을 따라

　밤늦게 룩소르행 기차에 올랐다. 우리나라 공항버스처럼 한 줄에 의자가 3개씩 있으니 자리가 넓고 여유롭다. 그러나 좌석번호가 제각각인 우리 식구 좌석을 한데 모아주겠다고 박시시까지 챙겨간 삐끼 아저씨는 기차가 떠나도록 나타나지 않는다. 결국 우리 식구는 모조리 짝이 안 맞아 창가에 외줄로 앉게 되었다. 그나마 성인이는 객실이 다르다. 엄마 마음은 안타까운데 본인은 괜찮단다.

　밀린 일기를 쓰며 졸다 깨다 하는데 뒷자리에 앉은 시몬이 어깨를 흔들어 깨우며 창문을 가리킨다. 해 뜨기 직전의 어스름에 신선한 새벽공기를 머금은 푸른 초원이 눈앞에 있다. 기찻길을 따라 폭이 넓지 않은 강물이 흘러가는데, 강 양쪽은 끝이 안 보이도록 넓은 대평원이다. 여기저기 숲을 이룬 야자수가 그 풍경에 이국의 운치를 더해 준다. 초원 어딘가에 얼룩말도 있고 사자의 무리도 있을 것 같다.

강을 따라 마을을 이루고 사는 이 사람들의 집 모양이 특별하다. 모두 지붕이 없는 벽돌집이다. 벽이 허물어져 사람이 살 수 없어 보이는 곳에서 사람들이 산다. 그런 집들이 조그만 마을을 이루며 강을 따라 내내 이어져 있다. 어째서 이곳 사람들의 집은 지붕이 없을까 궁금해하니, 시몬이 왜 처음부터 지붕이 없었겠냐고 되묻는다. 가난하니까 무너진 채로 살 거라고 한다. 맞는 말 같다. 기차가 마을에 가까이 지나갈 때 보니 모두가 지붕이 없는 건 아니다. 토담집은 성냥갑처럼 네모나게 벽돌을 쌓아 만들었다. 꼭 쌀 되박을 엎어놓은 모양이다. 창문이나 출입구는 뚫려 있기만 하다. 이곳의 집은 흙 이외에는 아무것도 사용하지 않은 것처럼 보인다. 흙으로 만든 집이니 잘 무너지고 더구나 의지할 데 없는 천장은 쉽게 무너져 내리는 것 같다. 무너진 천장은 갈대 같은 마른 풀로 덮어 놓기도 했고, 어느 집은 아예 갈대로 벽을 만들어 지은 집도 있다. 그렇게 생긴 마을은 우리네 산동네의 반쯤 철거하다 만 브로크 집을 연상시킨다.

멀리서 바라보면 토담집의 유리창 없는 창이 까맣게 보인다. 누런 토담집에 까만색은 강한 대비를 이루며 깊은 인상으로 남는다. 무너진 집에도 마당에서는 한가롭게 아이들이 뛰어놀고, 염소와 나귀도 아이들 틈에 섞여 풀을 뜯고 있다. 닭은 앞마당의 풀 숲을 헤치느라 분주하고, 아낙은 쪼그리고 앉아 화덕에 무엇을 끓이는지 부채질을 한다. 조금 큰 아이들은 폭은 넓지 않으나 제법 깊어보이는 집 앞 강에서 조그만 배를 타고 고기를 잡는다. 부채질을 하며 화덕질하는 아낙이 아이들이 잡아온 물고기를 끓이는 아이들의 엄마인지도 모르겠다. 집 뒤로는 끝없는 초원이다. 사람들이 일구어 먹는 경작지도 있지만, 자연 그대로의 초원이 눈이 시리도록 멀리 펼쳐져 있다. 평원 사이사이에 야자수가 무성한 잎새를 펄럭거리며 숲처럼 서 있다. 야자수 밑에서 서성이는 까만 말의 모습이 한가롭다.

문명의 이기라고는 무엇하나 보이지 않는 이곳에서 원시적인 삶을 꾸려가는 사람들. 원시적인 삶에서 벗어나는 것이 인류 발전의 시작이라면, 옛날 모습 그대로 살아가는 마을의 모습을 보고 아름답다고 말하는 것은 조금일 망정 가진 자의 사치가 되려나. 그러나 나의 선택으로 문명의 격랑 속으로 떨어진 것이 아닌 우리도, 행복하기로는 더하고 덜함을 이들과 비교할 수 없는 문명의 유랑민이다. 조금 엄살을 부려보자면, 쏟아지는 정보를 끊임없이 좇아가지 않으면 도태되는 우리 삶의 형태도 새로운 풀을 찾아 떠도는 '신

유목민'과 다를바 없지 않은가.

해가 떠오른다. 초원의 끝에서 떠오르는 해는 얼마나 크고 붉은지 온 평야와 하늘을 붉게 물들이며 떠오른다. 아름다운 원시 자연의 아프리카 초원, 이곳에는 시간과 공간마저 정지해 있는 것 같다. 이 특별한 해맞이는 밤 기차의 선물이다.

잠꾸러기 녀석들 해가 떠도 모르고 별이 떠도 모르고, 차만 타면 곯아 떨어 진다. 코까지 골면서 자던 아이들이 승무원이 아침 주문을 받으러 다니자 부스스 눈을 뜬다. 어제 저녁에 주문해서 먹은 식사가 너무 맛이 없어서 아침은 룩소르에 도착해서 먹기로 했다.

그런데 옆 좌석에 나란히 앉은 두 아저씨의 느낌이 예사롭지 않다. 40대 중반으로 보이는 두 아저씨가 같은 잠바에 똑같은 머플러를 둘렀다. 아침 주문을 하고 씻으러 화장실에 가는 모습을 보니 바지와 신발도 똑같은 것을 입고 신었다. 어제 저녁부터 눈길만 스쳐도 먼저 웃는 친절한 사람들이다. 같은 복장이 조금 의아하기는 했어도 별다른 생각 없이 보았는데 오늘 아침 식사를 할 때 보니 좀 특이한 구석이 보인다. 키 큰 아저씨가 달걀을 까서 작은 아저씨에게 건네주고 우유도 자기가 먼저 한 모금 먹어보고 작은 아저씨에게 준다. 작은 아저씨가 춥다고 하는지 머플러도 둘러주고 기차 선반에서 무엇을 꺼내는 일도 모두 큰 아저씨가 한다.

나중에 이 일이 우리의 화제가 되었는데 아이들과 시몬은 처음부터 그들이 커플임을 알았다고 한다. 아직 많은 사람이 편하게 받아들이지 못하는 성 소수자 문제, 아이들의 시선이 엄마보다 자연스럽다. 다행스러운 일이다.

열주에 새긴 염원, 카르낙 신전

한 번도 쉬지 않고 밤새도록 달려온 기차가 조그만 역에 선다. 룩소르 역이다. 이른 아침인데 플랫폼에 내리쬐는 햇볕이 따갑다. 배낭도 챙기기 전에 대여섯 명의 남자들이 우르르 달려와 우리를 에워싼다. 호텔 삐끼들이다. 이미 숙소를 정했다고 해도 걸음을 옮길 수 없을 정도로 따라붙는다. 시몬이 몇 번이나 단호하게 물리쳤는데도 물러날 기색이 아니다.

더구나 카이로에 두고 온 시몬의 점퍼가 생각나서 확인 전화를 하는 동안에도 끊임없이 조른다. 삐끼들에게 둘러싸여 오도 가도 못하고 있는데, 성인이가 얼굴이 빨개지도록 고함을 친다. 불같이 화를 내는 아들이 걱정스럽다. "이 사람들도 다 먹고 살자고 하는 일이다. 나쁜 사람들은 아니니 그렇게까지 화를 낼 필요는 없다. 그저 모르는 척하면 된다." 엄마의 노심초사가 지나쳤다 싶은지 아비가 아들 편을 들어준다. "한창 혈기왕성한 나이에 그럴 수도 있지. 싸움까지는 하지 말라"고 당부한다. 멀리서 바라보던 삐끼아저씨들은 우리가 택시를 타고 떠나자 그제야 발길을 돌린다. 끈질긴 사람들이다.

쏘네스타호텔이 지원이의 마음을 몹시 흡족하게 한다. 나일강의 전경이 한눈에 들어오는 큰 창, 예쁜 침대와 화려한 카페트, 그리고 응접실이 따로 있는 화려한 방이 마음에 쏙 든단다. 녀석들이 거품목욕을 한다고 비누를 있는 대로 풀어 놓아서 욕실에 쏟아진 물을 닦아 내느라 애를 먹었다.

부지런히 짐을 풀어 간단한 옷으로 갈아입고 호텔을 나선다. 다시 한번 카이로의 호텔에 전화를 걸어 시몬의 잠바를 챙겨 달라고 부탁하자 매니저는 잠바가 없다고 한다. 분명히 옷장에 걸어둔 잠바가 어디로 갔을까, 다시 한번 전화를 해야겠다. 오늘 일정은 룩소르 신전과 카르낙 신전이다.

시장통에 들러 간단히 아침을 먹으려고 호텔을 나서니 마차 아저씨가 시장까지 타고 가라고 조른다. 그도 재미있을 것 같아 마차를 타기로 했다. 잘생긴 갈색 말이 아저씨의 채찍에 따라 따가닥 따가닥 경쾌한 소리를 내며 달린다. 풍광 좋은 나일강가에서 말을 타고 달리니 기분 최고다. 작은 시가지 입구에 마침 맥도날드가 있다. 말 아저씨에게 값을 치르고 내리려고 하자, 아저씨는 아침 먹고 나와서 다시 카르낙 신전까지 타고 가라고 부득부득 조른다. 아이고, 이집트 아저씨 이럴 때가 제일 무섭다. 그러마 하고 맥도날드에 들어가서 햄버거 하나씩 먹고 나오니 길 건너에 있던 아저씨가 재빨리 마차를 우리 앞에 가져다 댄다. 서비스는 최고인데 왠지 불안하다.

이곳은 말 아저씨의 힘이 제일인지 어떤 자동차도 말을 추월하지 않고, 말도 차를 비켜가는 일 없이 대로를 활보한다. 아저씨는 마차의 속도를 적당히 조절하며 손님 기분을 흡족하게 맞추어 준다. 엄청나게 많은 마차가 거리를 누비는데도 길바닥에 말의 오물이 보이지 않는다. 이상하다 했더니 말의 엉덩이 밑에 보자기를 받쳐놓고 말의 오물이 그리로 모아지면 주인이 재빨리 처리한다. 좋은 방법으로 보인다. 재미있는 광경이 또 하나 있다. 말이 일없이 서 있을 때는 풀이 잔뜩 들은 자루를 말 목에 걸어 준다. 자루 속에 얼굴을 밀어 넣고 미나리같이 생긴 풀을 우물거리며 먹는 모습은 어디서도 못 본 신기한 풍경이다.

걸어가도 될 거리를 아저씨 성화에 마차를 타고 달린다. 알아들을 수 없는 말을 쉴새 없이 늘어놓으며 마차를 몰던 아저씨가 유적 입구라며 내려준다. 마차 삯을 주니 또 펄쩍 뛴다. 유적을 구경하고 나와서 다시 호텔까지 타고 가라고 조른다. 자기가 기다리겠다고 한다. 손님이 없어서 그러는 건지 나름의 사업전략인지 완전히 물귀신 작전이다. 아저씨가 통사정하는 바람에 그러마 하고 유적지로 들어간다.

햇살이 엄청나게 따가워서 유적에 들어가기 전에 밀짚모자 두 개를 샀다. 아저씨가 순박해 보여서 값을 깎지 않고 샀는데 우리 돈으로 만오천 원 정도 한다. 아무래도 바가지를 쓴 것 같다. 그저 반으로 뚝 잘라 사야 하는데.

스핑크스 참배 길을 지나 아몬 대신전의 궁정으로 들어선다. 아몬 신을 상징하는 양 머리의 스핑크스가 앞발 사이에 파라오를 안고 있다. 이 스핑크스는 365개로 하루에 한 번씩 일 년 내내 제사를 지냈다고 한다. 자칭 이집트 전문가 성인이의 설명이다. 신왕국 시대 남부 수도로서 최고의 번영을 누렸던 이곳 테베 유적지는 원래 아몬 신을 수호신으로 모시던 작은 도시였다.

중왕국 시대 이 지방의 호족들이 다시 통일된 이집트를 지배하면서 테베 지방은 권력의 중심지로 떠오른다. 특히 힉소스 족을 추방한 후 테베는 새로운 군주의 탄생지로 명성과 부를 얻게 된다. 자연히 이 지방의 수호신인 '아몬 신'의 영향도 커지며 태양신 '라'와 합쳐 국가 최고의 신이 된다.

고왕국 시대의 파라오들은 자신을 신으로 삼아 절대권력으로 통치할 수 있었으나 왕권이 약해진 신왕국 시대의 파라오들은 아몬신의 비호가 필요해진다. 이에 역대 파라오들은 아몬신의 터전인 테베에 수많은 신전과 오벨리스크, 조상, 건축물을 봉헌하며 아몬신의 보호를 청한다. 이렇게 파라오들의 후원으로 이집트 최고의 거대한 사원으로 성장하게 된 카르낙의 아몬 대신전은 아몬의 성스러운 도시로서 순례의 중심지가 되며, 아몬의 기념 축제는 통치자들이 직접 참례할 정도로 중요한 행사가 되었다. 특히 신탁을 받을 중요한 기회이기도 했다.

명실공히 아몬 신앙의 중심이 된 카르낙, 그러나 영원한 영광은 없다. 카르낙 대신전은 기원전 7세기경 앗시리아와 뒤 이은 페르시아의 침략으로 몰락의 수순을 밟아간다. 프톨레마이오스 왕조시대에 몇 번의 공격과 탈환을 거치며 황폐해질 대로 황폐해진 카르낙은 기원전 30년경 로마의 통치시대를 맞아 철저하게 파괴된다. 호머가 노래한 '100개의 성문이 있는 테베'는 이제 12개의 성문만이 파괴된 채로 남아 3500년 전의 역사를 말없이 전해 주고 있다.

　제1 궁전은 세손키스 1세가 증축한 것으로 알려져 있는데, 22왕조의 세손키스 1세는 이스라엘과 유대 왕국을 침략하여 약탈한 보화로 이 카르낙의 아몬신전에 건축물을 봉헌한다. 제1 궁정 안에는 오른쪽으로는 람세스 3세의 신전이 있고 왼쪽으로는 세티 2세가 봉헌한 신전, 콘스신 예배당, 아몬신 예배당, 무트신 예배당이 있다. 람세스 3세는 기원전 12세기, 세티 2세는 람세스 2세의 손자가 되니 모두 22왕조보다 몇 세기 앞선 왕조다. 한 궁정 안에도 몇 대의 왕조가 섞여 있는 것이다.

　제2 궁정으로 들어가는 입구에 피레젬 거상이 얼굴 부분에 약간의 파손이 있을 뿐 완벽한 모습으로 다리 사이에 있는 왕비의 상과 함께 우뚝 서 있다. 피레젬은 22왕조에 왕조를 물려준 21 왕조 마지막 왕 멘케프레의 아버지이다. 22왕조가 21왕조에 대한 감사의 표시로 피레젬의 거상을 세운 것일까 짐작해 본다. 람세스 2세의 거상이 제2 궁정으로 들어가는 입구에 수호신처럼 서 있다.

제2 궁정은 람세스 2세가 증축한 곳으로 그가 봉헌한 열주가 궁정 홀을 장엄하게 메우고 있다. 제2 궁정 탑문과 벽은 22왕조의 봉헌물이다. 그러나 봉헌 군주인 세손키스 왕은 부바티스 문이라 불리는 아름다운 문이 완성되는 것을 보지 못하고 죽었다고 한다. 애석한 일이다. 제2 궁정 안은 가히 인간의 힘으로 이루었다는 것이 믿기지 않을 만큼 거대한 기둥이 가득하다. 처음에는 신전 맨 끝에 위치한 지성소로 가기 위한 통로로 아메노피스 3세가 세운 기둥만이 중앙통로에 있었다. 후대에 세티 1세와 그 아들인 람세스 2세 그리고 계속하여 람세스 4세에 이르러서야 열주의 건축이 완성되었다고 한다. 대단한 가문이다.

이집트 역사상 가장 강력한 파라오이며 통치 기간이 가장 긴 파라오이기도 한 람세스 2세는 이집트에 현존하는 사원의 반 이상을 건축했다고 전해진다. 웅장한 열주의 모습을 보면 그의 건축 열과 능력은 가문의 내력인가 싶기도 하다.

파피루스의 싹 모양 또는 활짝 핀 산형화의 모습이라는 기둥은 15m나 되는 거나한 굵기에도 불구하고 섬세한 아름다움을 준다. 불가사의한 일이다. 더 놀라운 건 기둥마다 들어있는 빼곡한 조각이다. 모든 기둥에는 꼭대기에서 맨 아래까지 한 치의 흐트러짐 없이 단정한 글씨와 그림이 부조되어 있다. 자신들의 업적과 공로 그리고 신에 대한 찬양과 자신들의 소망을 기록해 놓은 것이다.

열주의 홀은 지금은 지붕 없이 쏟아지는 햇살을 다 받고 있지만, 원래는 지붕으로 덮여 있었다. 당시 건물에는 처마 공간과 기둥 사이에 작은 채광창이 있어서 그리로 들어온 야외 궁정의 햇살이 웅장한 열주의 홀을 반응달 상태의 엄숙한 분위기로 만들었다. 빛은 긴 홀을 지나면서 점차 사라지고, 마침내 어둠에 덮여 있는 지성소에 이르게 된다. 생각만 해도 신과의 교감이 극대화되는 참배길이다.

우리가 '하늘에 계신 우리 아버지'라고 하는 것과는 달리, 이들의 아몬신은 '이곳에 있는 신'으로 존재한다. 이곳 장엄한 열주의 계곡을 걸으며 당시의 절대 권력자들은 무엇을 기도했을까. 키 작은 나는 목이 아프게 머리를 들어야 끝이 보이는 열주의 방에서 절대권력자의 고독을 보고 간다.

제 2궁정을 나오니 수많은 오벨리스크가 하늘을 찌른다. 테베의 아몬신이 그를 아들로 인정하여 이곳 카르낙에서 신선한 매처럼 하늘로 날아올라가 태양신에 의해 옥좌에 앉게 되었다는 이야기를 남긴 투투모스3세의 오벨리스크와, 그의 아버지 투투모스2세의 부인이며 그의 계모이기도 한 핫셉스투여왕의 오벨리스크도 있다. 핫셉스투여왕은 이곳 카르낙에서 왕위에 오를 것이라는 신탁을 받았으며 이에 많은 건축물과 조상을 카르낙에 봉헌했다고 한다. 대단한 여장부다.

장대한 카르낙 신전은 이렇게 역대 파라오들의 끊임없는 봉헌으로 이루어졌다. 지금은 많은 부분이 파손되어 옛날의 위엄을 다 찾아볼 수는 없지만, 남은 자취만으로도 그들의 위대함을 충분히 느낄 수 있다. 무엇보다도 선대와 후대가 수백 년을 거치면서도 조화를 깨뜨리지 않고 함께 만들어 냈다는 사실이 존경스럽다. 이들의 열정과 헌신이 아몬 신이라는 공통분모 때문만은 아닐것이다. 조화를 이룰 줄 아는 이집트 사람들의 지혜야말로 찬란한 문화를 이루어 낸 힘의 원천이 아니었을까.

따가운 햇살에 힘들어하는 아이들을 데리고 궁정을 돌아나와 '성스러운 연못'이라 불리는 호수 앞에 앉았다. 넓은 벌판 여기저기 신전의 기둥이 무너져 내린 채 서로를 의지해 힘겹게 서 있다. 반 토막만 남은 채 길게 누워있는 오벨리스크와 마주 보며 차가운 콜라 한잔으로 갈증을 푼다.

이파리 무성한 야자나무 그늘에서 성인이에게 오벨리스크 이야기를 듣는다. 오벨리스크는 고대 이집트 왕조가 태양 숭배의 상징으로 세운 방첨탑이다. 거대한 크기에도 불구하고 하나의 석재로 만들며, 사각형의 단면이 위로 올라갈수록 가늘어져 끝은 피라미드꼴로 되어 있다. 가장 오래된 것은 12왕조의 세르누르1세가 건립한 것으로 헬리오폴리스에 있고 가장 큰 것은 이 카르낙 신전의 아몬 대신전에 핫셉수트 여왕이 세운 것으로 높이가 30m에 이른다. '클레오파트라의 바늘'이라고 부르는 투트모스 3세의 오벨리스크는 19세기에 워싱턴 D.C와 런던에서 하나씩 가져갔으며, 그 외에도 대부분의 오베리스크는 유럽으로 반출되어서 현재 이집트에 남아있는 오벨리스크는 다섯 개에 불과하다고 한다. 참으로 안타까운 일이다.

햇살 한점 피할 곳 없는 유적지 안에서 작으나마 야자수 그늘이 우리에게 오아시스가 되어준다. 시원한 그늘에 앉아있으니 아예 눕고 싶다. 밤 기차를 타고 밤새 달려온 몸이 피곤한 건 당연한 일, 신전 안으로 들어가 다시 한번 아름다운 열주를 살펴보고 람세스가의 뚝심에 경탄하며 신전을 나선다. 스핑크스 참배 길을 채 나서기도 전에 말 아저씨가 우리를 보더니 마차를 끌고 온다. 이런 호사가 있나, 우리는 룩소르에 전용 마차를 두었다.

룩소르 마을

재미있는 말 아저씨, 그렇지만 무슨 말을 하는지 알아들을 수가 없다. 나일강가 대로를 신나게 달리던 마차가 갑자기 큰길을 벗어나 왼쪽의 마을 길로 들어선다. 동네 구경을 시켜주려는 아저씨의 호의다. 호텔 바로 뒤가 평범한 룩소르 사람들이 사는 마을이다. 까만 머릿수건을 두르고 까만 옷을 입은 여인들이 집 앞의 벽에 기대어 앉아있다. 동네 아낙들이 넘어가는 해를 받으며 저녁 전의 수다라도 떨고 있는 걸까.

마차를 타고 호기심에 가득 차 마을 쪽으로 목을 빼고 지나가는 이방인을, 그들도 호기심 가득한 눈으로 바라본다. 묻지도 않았는데 아저씨가 저 토담집이 이집트의 전통식 가옥이라고 설명한다. 그래 그랬구나, 이집트에 와서 제일 많이 본 집의 모양이다. 우리도 어려서 살아 보았지만, 흙벽돌 집은 여름엔 시원하고 겨울에는 따뜻하다. 한낮에는 따가운 햇볕이, 해만 떨어지면 금방 서늘해지는 이집트의 기후에 토담집은 안성맞춤이겠다.

집 앞과 마을 길 사이에 무슨 연유인지 깊은 고랑이 있고, 고랑은 흙더미와 쓰레기로 메워져 작은 언덕이 되었다. 그 언덕을 미끄럼틀 삼아 오르내리며 노는 아이들을 여인들이 물끄러미 바라보고 있다. 아이들 사이에서 염소와 양과 닭이 섞여 논다. 모두 먹이를 찾는지 주둥이와 앞발로 땅을 헤치느라 분주하다. 염소가 우리네 풀어놓고 기르는 강아지처럼 동네를 돌아다니며 노는 모습이 신기하다. 나귀도 있다. 언제 보아도 예쁜 나귀, 새침한 눈을 얌전하게 내리깔고 서 있다.

마을의 모습을 사진 찍고 싶은데 차마 그쪽으로 카메라를 댈 수가 없다. 어려워 보이는 그들의 살림살이를 구경거리 삼는 것 같아 마음이 편치 않아서다. 사실 여행에서 빼놓을 수 없는 즐거움이 현지인 마을 구경이다. 하지만 경우에 따라서는 모욕감을 줄 수도 있겠다 싶어 조심스럽다. 어쨌거나 아저씨 덕분에 룩소르 마을 구경을 잘했다.

마을을 나온 아저씨가 이번에는 시장통으로 들어간다. 이건 또 무슨 횡재냐 싶어 즐거운데, 아저씨는 좁은 시장골목에 무작정 말머리를 들이댄다. 야채와 잡동사니를 펼쳐놓고 좌판을 벌이던 장사꾼과 엎드려 흥정하는 사람을 아랑곳하지 않고 마차를 모니, 사람들과 좌판이 부딪치고 밟히고 아우성이다. 우리가 놀라서 내리겠다고 하니 아저씨는 괜찮다고 펄쩍 뛴다. 실제로 이렇게 좁은 골목에도 관광객을 태운 마차가 드나드는 일이 처음은 아닌지, 시장 사람들 누구도 불평하지 않는다.

그렇다고 해도, 우리로서는 횡포에 가까운 불편을 끼치며 마차에 앉아 있을 만큼 강심장이 못 된다. 마차에서 내려 걸어서 다니니 마음 편하고 좋다. 룩소르 시장은 우리네 시골 장터와 비슷하다. 옷가게, 신발가게, 가방가게, 그리고 금은방, 빵 가게, 파피루스 가게. 야채를 파는 좌판도 있고 머리핀, 구슬 따위의 액세서리 좌판도 있다. 사람 사는데 필요한 것은 어디나 비슷한 모양이다. 화덕에서 무언가 튀겨서 팔기도 하고, 만들어 놓은 반찬도 있다. 특별히 눈길을 끄는 것이 있다. 우리식으로 하면 김치쯤 되는 것 같아 김치라고 부르기로 했다. 야채를 소금에 절여 익힌 것 같은데 종류가 다양하다. 무김치도 있고 고추 장아찌도 있고 오이 김치도 있고 이것저것 섞인 물김치도 있다. 연보랏빛으로 물들어 있는 물김치가 비닐봉지에 담겨있다. 하나 사서 먹어보고 싶지만, 우리 지원이 배탈난 걸 보니 익숙하지 않은 음식을 먹는 건 모험일 거 같아 포기한다.

시장통 끝의 기념품 가게에서 지원이에게 까만 고양이 조각상을 하나 사주고 전화카드도 몇 개 사니 아이들이 서울 친구들에게 전화하겠다고 먼저 나선다. 이곳에서는 시차 때문에 서울로 통화하기가 쉽지 않다. 서울은 지금쯤 늦은 저녁일 텐데 엘리사벳과 통화 좀 하려고 했더니 외출 중이다. 이 저녁에 어딜 갔담. 연말이니 바쁘기도 하겠지. 시어머니 제사가 내일이다. 떠나 올 때 엘리사벳에게 연미사를 부탁하고 왔는데, 잊지야 않았겠지만 그래도 미안해서 한 번 더 부탁도 하고 안부도 묻고 싶었는데 늘 부재다. 염치 불고하고 늦은 시간에 통화를 시도한다. 서영이 아빠가 받는다. "밤 늦게 죄송합니다. 여기 이집트인데요, 수산나가 전화했다고 엘리사벳에게 전해 주세요." 밤 늦게 웬 이집트, 서영이 아빠가 놀라셨을 것 같다.

오펫의 향연, 나일강의 팔루카

해가 뉘엿거린다. 나일강을 따라 호텔로 걸어가는 길에 시몬이 느닷없이 배를 타자고 한다. 언제나 겁 없는 부녀가 한편이다. 지원이는 좋다고 하는데 성인이와 나는 싫다. 아이고 저 망망대해 같은 강에서 무얼 믿고 손바닥만 한 돛단배를 탄다는 말인가. 싫다고 펄쩍 뛰었지만 타고 싶다는 지원이의 호소에 할 수 없이 '팔루카'라는 돛단배를 타기로 한다. 사람 하나 오를 때마다 출렁거리는 배에 타려니 겁 많은 나는 오금이 저린다. 정원이 열 명이나 되려나 싶은 작은 배에 우리 네 식구가 타니 두 명의 사공이 돛을 세워 배를 띄운다. 배는 소리 없이 물 위를 미끄러지며 바다 같은 강 가운데로 들어간다.

깊이가 몇 길인지 알 수 없는 검푸른 나일강. 잔잔하게 흘러가는 뱃전에 앉으니 찰랑거리는 강물에 손을 담가 볼 만큼 여유로운 마음이 된다. 젊은 사공이 나일강에는 악어 떼가 우글거린다고 말을 건넨다. 농담인가 했더니 이집트 신화에도 악어에 물려 죽은 이야기가 수없이 많다며 성인이가 거든다. 바다같이 넓은 강 한가운데로 돛 하나에 의지해 바람을 따라가는 배, 숨소리도 없이 흘러간다.

강 건너편의 초원에 저녁 풍경이 그려지고 있다. 야자수 아래 서 있는 하얀 당나귀가 데리러 온 소년에게 안 가겠다고 고집을 부린다. 앞다리를 뻗치며 버티던 나귀가 소년주인에게 한 대 쥐어박혔는지, 풀더미를 잔뜩 지고 타박타박 아이를 따라간다. 물가에는 아이들이 몰고 온 염소 떼와 말이 한가롭게 물을 먹고 있다. 어쩌다 한 채씩 보이는 강가의 집에서는 저녁 연기가 피어오르고, 멀리 초원의 끝과 하늘이 닿은 곳에 서 있는 낙타의 모습까지 더해져 그곳은 지상의 모습이 아닌 듯이 아름답다. 옛날 아몬 신의 대축제 때에 파라오들은 카르낙에서 룩소르에 이르는 나일강에 휘황찬란한 유람선을 띄우고 오펫의 향연을 벌이며 신탁의 판결을 들었다. 아닌 게 아니라 이곳의 고요함에는 신의 소리가 들리는 듯한 신비로움이 있다. 말없이 앉아있던 지원이가 너무 아름다워 슬프다고 한다. 나일강에는 지금도 신의 소리까지는 아니더라도 사람의 마음을 흔드는 무언가가 남아 있는 게 틀림없다.

말없이 돛을 만지던 사공이 몇 시냐고 묻는다. 시계가 없는 모양이다. 세상에나 '한 시간에 얼마'라고 하며 배를 띄워 벌어먹고 사는 사람들이 시계가 없다니. 나는 그들의 가난이 마음에 걸린다.

우리 집 서랍에 노는 시계가 몇 개인가. 시몬에게 차고 있던 시계를 풀어주라니까 싫다고 한다. 성인이 보고 풀어주라니까 녀석도 싫다며 눈을 흘긴다. 값싼 동정이라나. 값싼 동정이든 비싼 동정이든 따지지 말고 있는 시계 하나 주면 없는 사람에겐 요긴한 물건이 될 게 아닌가. 본인들이 싫다니 할 수 없지만 내 마음이 짠하다.

배가 빨라진다. 해가 지니 강은 검은 물결로 넘실거리고, 사공은 좋은 바람이 분다며 엄지손가락을 치켜든다. 쏘네스타 호텔의 선착장에 배를 댄 사공이 내리는 우리에게 행복한 시간이 되었냐고 묻는다. 그렇다고 하자 박시시를 요구한다. 밉지 않다. 이제 20대 초반으로 보이는 젊은 청년들, 열심히 사는 모습이 보기 좋다.

서울서 아비와 아들이 이집트의 나일강가에서 멋있게 한잔하기로 약속을 했다고 한다. 강가의 정원에 앉고 싶었는데 저녁 강바람이 몹시 차다. 아늑한 호텔 안의 식당에서 아비와 아들이 하얀 거품이 넘치는 맥주잔을 마주 들어 올리며 건배한다. 아들아, 살아가는 동안 어려운 날을 만나게 되더라도 아빠의 사랑을 기억하며 잘 살아내거라.

죽은 자의 도시, 왕가의 골짜기

우리 식구 최대의 장점은 새벽같이 일어나는 것. 새벽 6시면 모두 일어나 두런거리며 일과를 시작하니 우리에겐 하루해가 길다. 부지런히 씻고 나갈 채비를 차리니 룸서비스로 주문한 아침 식사가 온다. 룸서비스 아침치고는 제법 충실하다. 수란, 요구르트, 오렌지 주스, 커피, 홍차, 우유, 빵, 케이크, 과일까지. 만찬 수준이다. 아이들이 좋아한다.

오늘의 일정은 왕가의 골짜기. 이름에선 언뜻 화려하고 낭만적인 풍경이 떠 오르지만, 그곳은 룩소르 서안의 깊숙한 계곡에 차린 죽은 왕들의 도시이다. 도시의 겉모습은 황량한 사막의 언덕이지만 사실 더 이상 화려할 수 없는 치장으로 무덤 속을 채웠으니, 왕가의 골짜기는 화려한 도시라 해도 틀린 말은 아니겠다.

　신왕국 시대의 파라오들은 기원전 1500년경 투트모스1세가 처음 묻힌 이후 400여 년 동안 이 지역에 왕과 왕비 그리고 왕족의 무덤 62개를 만들었다. 파라오들은 나일강 하류의 피라미드가 모두 도굴되는 것을 보고 이를 방지하기 위해 룩소르의 나일강 서안 깊숙한 곳에 무덤을 만들었으나 이곳 역시 무차별적인 도굴로 무덤이 파 헤쳐진다. 투탕카멘 왕의 무덤만이 도굴을 면했을 뿐, 신왕국 시대의 마지막 시기인 기원전 11세기경에 모두 도굴되어 약탈당했다. 왕의 미이라조차 끌려나와 매장되거나 사라지는 무차별적인 도굴로 인해 파라오들의 룩소르 나일강 서안의 매장 풍습도 사라지게 되었다.

　왕가의 골짜기는 룩소르 시내에서 그리 멀지는 않은데 교통수단이 마땅치 않아 택시를 전세 내어 다녀오기로 했다. 따가운 햇볕 속에 모래 언덕이 보이기 시작하더니 바로 골짜기로 들어선다. 거칠고 살벌한 풍경이다. 작은 길 하나를 사이에 두고 강 건너편은 푸르디 푸른 들판인데, 이곳은 풀 한포기 없이 거친 모래로 덮인, 말 그대로 죽음의 골짜기이다. 여름철이라면 아침 9시 이전에나 답사가 가능하다는 이곳, 햇살이 대단하다. 겨울철인 지금도 모자와 선글라스 없이는 다닐 수 없다.
　광장에서 코끼리 열차라고 부르는 셔틀 자동차를 타고 무덤이 있는 골짜기로 올라간다. 도굴 방지를 염두에 두고 만든 곳이니 봉분이 있을 리는 없고 그저 누런 바위로만 보이는 나지막한 언덕이 소복 소복 이어져 있다. 이곳 어딘가에 깊이깊이 꼭꼭 숨겨놓았을 무덤들. 이 사람들은 하늘을 찌를 듯한 위용을 부린 피라미드를 무덤으로 쓰던 사람들이다. 땅속에 무덤을 감추며 그들이 느꼈을 번민과 통탄이 얼마나 컸을까 생각해 본다. 살아서는 절대 권력으로 군림하는 파라오였지만 죽음 뒤의 권력으로는 도굴꾼의 연장 몇 개도 막지 못하는 처지가 되었다.

매표소에서 무덤 3개를 선택해서 볼 수 있는 티켓을 샀다. 람세스 2세나 투탕카멘 등 몇 기의 유명한 무덤은 공개하지 않는다고 한다. 섭섭하지만 할수 없다. 관람객에게 공개하는 무덤은 작은 출입구를 뚫어 계단을 통하여 들어갈 수 있도록 만들어 놓았다. 투트모스1세, 람세스 1세, 메르멘프라왕의 무덤을 선택했다. 좁은 통로를 따라 들어가는데 무덤 속이 생각보다 덥다. 거칠 것 없는 사막의 뜨거운 햇살이 땅속 깊은 곳까지 그대로 스며들어 식을 줄을 모른다. 땅속은 무조건 시원하다는 우리의 상식이 이곳에서는 통하지 않는다.

우리가 보기엔 이곳의 무덤 내부도 피라미드와 비슷하다. 좁은 통로를 따라 깊은 지하로 연결되어 있으며, 관광객은 들어갈 수 없지만 미로로 연결된 방이 있는 것도 같고, 가장 깊숙한 곳에 있는 현실의 생김새도 피라미드와 같다. 모두 약탈당해 빈 관이긴 하지만 왕의 미이라가 들어있던 붉은색 대리석의 겉관이 화려하다. 긴 복도의 벽화는 부조로 새겨져 채색되어 있다. 적어도 3000년 전의 그림일텐데 어떻게 저리도 선명하게 남아있는지 신기하다. 건조한 사막이라 가능한 일이라고 시몬이 설명해 준다. 그림의 내용을 정확히 알 수는 없지만 파라오의 즉위식, 축제 때의 모습, 군사들의 모습, 대관식 장면, 사냥하는 모습, 고기 잡는 모습 따위의 일상이 히에로글리프와 함께 벽화에 남아있다. 특히 무덤 주인공의 업적뿐 아니라 일상을 기록하는 것도 관례인지, 어느 무덤의 벽화에는 파라오의 복장을 하지않은 어린 왕자의 모습이 있다. 위엄을 갖춘 파라오의 의전용 모습과는 달리 이제 소년의 티가 나기 시작하는 어린 아이의 모습으로, 빡빡 민 머리 한쪽 구석에 길게 땋은 머리를 늘어뜨리고 있다. 귀여운 왕자의 일상이 사방의 벽면에 가득 들어 있다.

또다른 무덤, 람세스 3세의 아들인 아기 왕자의 무덤에는 태어난지 6개월 만에 죽은 왕자의 미이라가 유리 상자에 담겨 있다. 처음엔 미이라였겠지만 지금은 완벽한 해골의 형태가 되었다. 손바닥만 한 아기의 미이라는 요즘 아이들 말로 엽기적으로 보인다.

이 지하 무덤엔 금은보화도 남아 있지 않고, 겉모습은 처음부터 존재하지 않았으니 나일강 하류의 피라미드 같은 화려한 위용도 없다. 그저 남아있는 벽화로나마 옛날이야기를 전해 듣는다.

무덤을 지하로 옮겼을 뿐, 이들은 찬란한 영생을 믿어 의심치 않는 사람들이다. 지하 궁전인 무덤의 천장에는 별을 가득 그려놓았다. 별은 하늘의 여신인 누트 신의 몸에서 나오는 빛으로, 누트 신이 먹은 태양의 빛이 여신의 몸에서 새어 나오는 것이다. 총총한 별들이 망자에게 위로가 되어 주었는지는 알 수 없으나, 이들에게도 죽음의 색깔은 어두움인 것으로 보이며 동시에 두려움인 것은 우리와 다를 바가 없는 것 같다.

그 중에서도 파피루스에서 흔히 보던 그림인 '사자의 서'에 대해서 듣는다. 다 똑같아 보이던 그림이 설명을 들으니 다르게 보인다. 내용이 있는 그림이기 때문이다. '사자의 서'는 죽은 사람이 저승에서 편히 살 수 있도록 파피루스 따위에 기도문과 주문을 적어 놓은 것으로 관이나 무덤 속에 넣어 둔다. 그 내용은 죽은 사람 자신이 큰 소리로 읽어야 하며 자신의 죄를 부정하고 오시리스의 보호를 청하는 내용이 들어있다.

망자는 "살아생전에 나는 사람을 죽이지 않았습니다, 나는 도둑질을 하지 않았습니다" 같은, 우리네 십계명에 해당하는 죄 외에도 훨씬 더 많은 죄를 42명의 신 앞에서 모두 고백해야 한다. 그러고 나서 자기 자신에 대한 변명을 하면 서기관인 토트가 받아서 기록을 하고, 죽음의 신인 아누비스는 망자의 심장을 꺼내 저울에 올려놓는다. 한쪽엔 망자의 심장 다른 한쪽엔 깃털을 올려놓고, 저울이 심장 쪽으로 기울면 망자는 공포의 여신 아미트의 먹이가 되고, 깃털보다 가벼우면 영생을 얻게 된다. 깃털보다도 가벼운 죄라니, 그들의 엄격한 재판은 욕심대로 살면서도 천국갈 기대를 버리지 않고 사는 나를 곤혹스럽게 한다.

왕들의 골짜기를 나와 람세스 2세의 장제전에 들렀다. 방문자를 압도하는 웅장함이, 테베 땅이 역시 신왕국 시대 최고의 번영지였음을 증명한다. 잠시 쉬어가려고 그늘진 곳을 찾아 앉았다. 이집트 유적지의 대부분이 그러하듯 장제전의 마당에는 여러 개의 조상이 돌덩이와 섞여 여기 저기 널려있다. 그 풍경만으로도 여유로운데 점심 시간이라 그런지 다른 방문객이 없다. 덕분에 호젓한 장제전의 마당을 독차지하는 행운을 얻었다.

장제전의 웅장한 기둥에는 그의 용맹함을 증명하는 카데슈 전투 장면이 부조로 빼곡히 들어있다. 세티 1세는 기원전 1297년 재위 1년에 시리아에 대한 지배권을 되찾기 시작한다. 또한, 가나안에서 이집트의 지배권을 재정립하는 한편, 오론테스 지역 카데슈의 주요 요새를 함락시키는데 성공한다. 그러나 뛰어난 전투력을 갖고 있던 히타이트와의 전쟁은 지리멸렬하게 이어지며 승패가 나지 않아 그의 고민이 깊어간다. 기원전 1272년 재위 5년의 람세스 2세는 카데슈 북쪽의 전투에서 히타이트의 함정에 빠져 대패한다. 자신의 목숨마저 위태로운 지경에 빠진 람세스2세는 지상군을 이끌고 끈질기게 맞서 싸우며 절체절명의 위기에서 벗어난다. 이후 북부 시리아의 히타이트 세력은 더 이상의 도발을 하지 않으며 나아가 두 세력의 적대관계가 서로에게 아무런 이익이 없다는 것을 인정하고, 점차적인 우호 관계를 맺어가다 기원전 1258년에는 방위 동맹까지 체결하기에 이른다.

현재 앙카라 히타이트 박물관에는 이집트어와 히타이트어로 각인된 조약문이 남아있다. 조약에서 두 세력은 동등한 권리를 확보하는데, 남부 시리아는 이집트가 북부는 히타이트의 영향권에 둔다는 세밀한 세력권의 규정을 기록하고 있다. 역사적인 이 조약은 람세스 2세와 히타이트 공주의 혼인으로 완성되고, 이로써 대를 이은 영토분쟁은 종지부를 찍게 된다. 시몬이 앙카라의 히타이트 박물관 조약문 앞에서 설명해준 람세스2세의 카데슈전투 이야기를 이곳에 와서 마저 듣는다.

재미없는 전쟁 이야기라서 건성 들었는데 그림을 보며 다시 들으니 조금 알아듣겠다. 백문이 불여일견이다. 전차를 타고 화살을 든 병사들과 호령하는 파라오의 모습이 무심히 볼 때와는 다르게 생생한 이야기를 전해준다.

마당 한구석에 람세스2세의 거상이 쓰러진 채 방치되어 있다. 저 거인은 지금 노인 모습의 미이라로 카이로의 박물관에 누워있다. 전설적인 인물의 조각상이 눈으로 보면서도 믿어지지 않는 기나긴 역사의 격랑과 덧없음을 침묵으로 전해준다.

가지고 온 과자 몇 쪽으로 점심을 대신하고 핫셉수트 장제전으로 향한다. 가는 길에 택시 아저씨가 우리를 알라바스터 장인의 집으로 안내한다. 장인이 마당에 멍석을 깔고 앉아 알라바스터로 항아리를 만들고 있다. 작은 도구를 이용해 일일이 안쪽을 파내어 항아리를 만드는 전통적인 수공예 작업이다. 마음에 드는 자그마한 항아리가 있는데 값이 생각보다 비싸다. 열심히 흥정해 보았지만 성과가 없다. 그냥 나오면 잡을 줄 알았는데 안 잡는다. 내가 너무 깎았나보다. 작전 실패다. 알라바스터는 이집트에서도 룩소르 지역의 특산물인지 이후 다른 지역에서 아무리 눈여겨보아도 찾지 못했다. 햇빛이 닿으면 보석같이 영롱한 빛을 내는 알라바스터, 가끔 꿀단지만 하던 알라바스터 항아리가 생각난다. 두고 온 물건이라 더욱 사랑스럽게 기억되는지도 모르겠다.

왕가의 골짜기 근처에 거대한 암벽 언덕인 데어 엘 바하리 아래에 핫셉수트 여왕의 장제전이 자리잡고 있다. 고대 이집트의 유일한 여성 파라오인 그녀는 투트모스 2세의 왕비였다. 투트모스 2세가 적자 없이 죽자, 후궁의 몸에서 태어난 투트모스 3세가 10살에 왕위에 오른다. 대비가 된 핫셉수트 여왕은 처음에는 섭정으로 정치에 참여하였으나, 결국 스스로 파라오의 자리에 올라 20여 년간 이집트를 통치한다.

그녀는 여성이면서도 자신을 새긴 조상이나 그림에는 남성 파라오처럼 의전용 수염, 모자, 이마의 우레우스를 부착하도록 했다니 여성이라는 것이 강한 통치자의 위상으로는 절대 부족하다고 느꼈던 모양이다. 부부이면서도 왕의 다리 사이에 넣어 표현할 만큼 작은 존재인 왕비의 위치에서, 거대한 왕국 이집트의 최고 통치자인

파라오의 자리에까지 올랐으니 대단한 여성임에는 틀림없다.

그러나 후일 왕권을 되찾은 투트모스 3세는 여왕의 섭정기간의 기록과 조상을 모두 파괴하라는 명령을 내린다. 희대의 여걸도 서자와의 관계는 잘 풀어내지 못했던 모양이다.

여왕의 장례의식을 치르기 위해 건축한 장제전은 뒤쪽의 거대한 언덕과 매우 조화롭게 보인다. 바라볼 때는 언덕에 안긴 듯이 조촐하게 보이나 실제로는 거대한 건축물이다. 독특한 구조로 건물 중앙에 위치한 계단은 일층 지붕인 넓은 2층 광장으로 이어지고 계속해서 다시 3층 광장으로 연결된다. 아래층에서 바라보면 보통의 건물로 보이지만, 하나로 연결된 계단의 구조 때문인지 1층 계단에 서서 위를 바라보면, 마치 다른 세계로 들어 가는 듯한 엄숙함이 느껴진다. 람세스 2세 장제전의 권위적이고 웅장한 모습과는 다르게 이곳에서는 강하면서도 섬세한 아름다움이 느껴진다. 혹, 여성의 장제전이라는 선입견이 작용했는지도 모르겠다.

이곳은 다른 곳과는 달리 건물 안으로 들어갈 수 없어서 조그만 문을 통해 안쪽을 보아야 한다. 손전등 불빛에 의지해 들여다 보니 비교적 온전해 보이는 건물 외양에 비해 남은 유물이 별로 없다. 그의 의붓아들 투트모세 3세의 영향도 있을테고 오랜 세월의 탓도 있겠지 싶다. 핫셉수트여왕 시대에는 교역이 발달해서 금, 상아, 흑단, 가축, 보석류 등을 수입하고 그 대가로는 구슬꾸러미, 장식고리 및 무기류를 제공했다고 한다. 장제전에는 이러한 이들의 일상이 부조로 남겨져 있다는데 어두운 실내와 많은 관광객에게 밀려 건물 안의 모습이 보이지 않는다. 이들은 특별히 몰약을 좋아해서 외국에서 들여온 몰약더미를 테베의 아몬 신에게 공헌하는 모습도 벽화에 들어있다고 들었다. 이 역시 아쉽게도 찾지 못했다.

피곤한 몸을 잠시 난간에 기대어 쉬고 있는데 한 무리의 젊은이들이 손을 흔든다. 파묵칼레의 학생도 있고 셸축에서 만난 젊은이도 있다. 터키에서 만났던 학생들이 모두 새까매진 얼굴로 모여있다. 정말 반갑다. 대단한 젊은이들, 이들은 몇 달 또는 거의 일 년을 작은 배낭 하나를 메고 전 세계를 여행하고 있다. 젊은이들의 그런 여유와 용기가 장하다. 그들은 가족끼리 여행하는 우리가 좋아 보인다고 말한다. 맞다, 어느 쪽이건 그렇게 쉬운 일이 아닌 것은 틀림없다.

젊은이들이 어제 사막에서 야영했다고 자랑한다. 달빛이 너무나 좋았다고 우리에게 사막의 야영을 권한다. 말만 들어도 행복한 정경이다. 사막의 달빛 아래서 하룻밤을 보낸다면, 우선 고요함이 좋겠다. 그리고 사람이 만든 것은 무엇 하나 보이지 않아서 좋겠고, 더 좋은 건 내가 할 줄 아는 모든 것이 필요 없어지는 상태가 되는 것이다. 귀도, 눈도, 마음도 일상의 짐을 내려놓게 하고 싶다. 하지만 해만 떨어지면 초겨울 날씨처럼 쌀쌀해지는 이곳에서 사막의 밤은 얼마나 추울까. 사막에서 하룻밤 야영은 여간한 준비 없이는 꿈 같은 일이다.

선채로 이야기를 나누고 아쉽게 작별한다. 음료수라도 나누어 먹었으면 좋겠는데 유적지 안에는 카페도 매점도 없다. 이제는 다시 만날 일이 없는 젊은이들, 그들의 무탈을 빈다.

그럭저럭 잘 다닌 오늘, 택시 아저씨가 우리를 언짢게 한다. 80불에 계약은 했지만 20불 정도 팁을 얹어서 100불을 줄 생각이었는데, 먼저 험상궂은 얼굴로 20불을 더 요구한다. 이 아저씨는 가이드 북에서 말하는 전형적인 '요주의' 이집트 사람이다. 나중에 엉뚱한 소리하는 사람들, 정말 싫다. 팁으로 주려고 한 20불을 억지로 주니 기분이 좋지않다. 언짢은 일은 얼른 잊어 버리자.

아저씨가 내려준 곳이 룩소르 시장이다. 내일 새벽같이 떠나니, 오늘은 기념품을 좀 사야겠다. 여기저기 시장 구경을 하던 아이들이 파피루스와 자잘한 기념품을 파는 잡화점 앞에 멈추어 선다. 성인이가 파피루스를 구경하고 있으니, 주인이 나와서 돈을 내면 이집트 문자로 이름을 써 주겠다고 한다. 아저씨는 자기가 파피루스에 적혀있는 히에로글리프를 다 해석할 줄 안다고 자랑한다. 물론 지금은 안 쓰는 고어이기는 하지만, 그래도 자기네 나라 문자인데 외국인에게 자랑까지 할 일인가 싶기는 하다. 시몬이 우리 아들도 조금은 할 줄 안다고 하니, 아저씨가 내기를 걸어 온다. 먼저 아저씨가 쓴 글을 성인이가 읽고 해석한다. 그 다음에 성인이가 쓴 글을 아저씨에게 보여주니 이런 이런, 아저씨가 못 읽는다. 아저씨 체면이 말이 아니다. 아들의 승리를 뒤에서 바라보던 아비가 흐뭇한 미소를 짓는다. 승자인 성인이가 파피루스 몇 점을 싼값에 사고 좋아한다.

그 가게에서 심부름도 하고 물건도 파는 소년이 있다. 초등학교 4~5학년쯤으로 보인다. 아프리카 여인들이 원래 목걸이 귀걸이 따위로 몸치장하는 것을 좋아해서 그런지 비록 시장통에다 늘어놓고 팔기는 해도 이곳의 장신구, 정말 멋지다. 가격도 적당하다. 작은 진주 알갱이로 엮은 목걸이가 마음에 들어서 연두, 베이지, 흰색으로 엮은 목걸이를 골라 소년에게 값을 물었다. 그런데 이 소년이 여간 깜찍하지가 않다. 영어도 잘 하고 예의도 바르고 무엇보다 싹싹하게 손님의 마음을 맞출 줄 안다. 소년의 나이는 16살이란다. 우리 지원이 보다 머리 하나가 작은 소년이 지원이와 동갑내기라니 믿어지지 않는다. 학교는 다닌 적이 없고, 영어는 이 시장통에서 배웠다는데 의사소통에 무리가 없어 보인다. 제 나이보다 작은 소년이 그리고 소년의 가난이 딱하지만 열심히 살아가는 밝은 모습이 다행스럽다.

소년은 돌아가는 우리를 부르더니 지원이 손에 조그만 목걸이 메달 두 개를 꼭 쥐어준다. '스카라베'라고 부르는, 이집트 사람들이 영생의 상징으로 여기는 말똥구리 메달이다. 메달 두개를 수줍게 쥐어준 동갑내기 소년의 예쁜 마음을, 우리 지원이는 알고나 받았는지 모르겠다.

돌아서는 우리 등 뒤에서 가게 아저씨가 한마디 한다. "아이 앰 어 프로!" 아이고, 아저씨는 우리 성인이에게 진 것이 못내 서운한 모양이다.

시장통을 돌아 나오니 바로 룩소르 신전이 있다. 카르낙 신전의 부속 신전이라는데 부속이라는 말이 어울리지 않는 웅장한 신전이다. 룩소르 신전은 바깥에서 둘러보는 것으로 만족하고 부지런히 호텔로 돌아왔다.

오늘이 시어머님 제삿날이다. 벌써 12주기이다. 살아 계실 때 호랑이 시어머니였던 걸 생각하면 제삿날 짐싸들고 구경 다니는 일은 불호령 맞을 일이다. 이제는 늙어(?)가는 아들과 며느리, 예쁘게 봐 주실 것 같다. 호텔 식당에서 몇 가지 음식을 주문했다. 산적 대신 소고기 스테이크, 생선 대신 연어 스테이크, 야채는 샐러드로, 떡 대신 케잌, 그리고 과일까지 이런저런 구실을 붙이며 음식을 골랐지만 사실 객지라는 송구함 때문에 이곳에서 마련할 수 있는 음식 중에서 가장 맛있어 보이는 걸로 골라 식탁을 차렸다. 그리스에서 산 양초에 불을 붙이고, 포도주로 잔을 채우고 서울 쪽을 향해 절을 올린다. 어머님, 올해는 멀리 와서 절을 올립니다. 아들의 말이다.

절을 올리고 어머님 덕분에 호사스러운 저녁을 먹는다. 시원찮은 점심으로 온종일 걸어다녀 출출한 터에 맛있는 음식이 행복하다. 밤 늦도록 같이 앉아 도란거리는 아이들에게 시몬이 이른다. 이 다음 엄마아빠 제삿날에는 두 남매 모여서 좋은 기억을 나누며 화목하게 보내라고 당부한다.

　나일 강가에서 보내는 특별한 밤이다.

홍해의 휴양도시, 후루가다

모세가 지나간 동이집트 사막

시나이반도로 가는 길에 있는 아름다운 휴양도시, 후루가다로 떠난다. 후루가다는 사막 한가운데 있는 아름다운 도시다. 시몬은 택시를 전세내서 가자고 하는데 나는 무서워서 싫다. 그쪽으로 가는 택시 손님은 가끔 강도를 당하는 일이 있기 때문에 이집트 경찰이 동행한다고 한다. 전에 무장한 강도들이 대형버스를 공격한 일이 있어서 택시를 이용하려면 반드시 경찰의 호위를 받아야 한단다. 그러나 경찰차가 호위해 주는 것도 부담스러워서 싫다.

궁리 끝에 정기 노선버스를 이용하기로 했다. 어제보다 더 일찍 일어나 짐 정리하고 배낭 꾸리고 아침식사를 하고, 그래도 새벽이다. 배낭을 메고 나오려다 뒤 돌아 다시 창 앞에 선다. 아름다운 원시 자연의 모습을 간직한 나일강가의 초원이 나그네의 마음을 잡는다. 또 볼 수 있을까. 그냥 떠나면 되는데 뒷날을 기약해 보려는 욕심이 떠나는 마음에 한숨이 들게 한다. 겨우 이틀 밤을 자면서 만리장성을 쌓은 죄다. 시몬의 재촉에 부지런히 룩소르 버스 터미널로 향한다.

시내의 작은 터미널에는 일요일 이른 아침인데도 소년 소녀들이 모여 웅성거리고 있다. 그들 눈에는 외국인인 우리가, 그중에서도 또래인 우리 지원이와 성인이가 관심의 대상이 되는지 은근히 호기심의 눈길을 보낸다. 청바지에 맨발로 자유분방하게 차려입은 아이들이지만 여자아이들은 모두 머리에 수건을 쓰고 있다. 이곳은 터키보다 머릿수건 쓰는 일이 더 철저하다.

안탈리아에서 만난 여학생들이 금발이 섞인 갈색 머리를 묶어 나풀거리고 가던 기억이 난다. 그러나 싹싹하기는 이곳 아이들도 그만이다. 녀석들이 궁금증을 참지 못하고 먼저 말을 걸어온다. 그리고 자기들 이야기를 한다. 친구 몇 명이 근처의 큰 도시로 시험을 보러 간다고 해서 여러 친구가 배웅을 나왔단다. 중학생이라는 아이들의 밝고 건강한 모습이 작은 정거장의 분위기를 활기차게 한다.

아이들이 기다리던 버스가 먼저 오고 잠시 후 우리가 타고 갈 후루가다행 버스가 들어온다. 완행버스인 이 버스는 근방의 모든 마을을 다 들른다. 왁자지껄한 시골 장터도 지나고 마을 깊숙이 들어가서 손님을 태우기도 한다. 어디서든 손만 흔들면 차를 세워 손님을 태우는 운전사는 단골이 많은지 승객마다 정답게 인사를 나눈다.

　지루하던 차에 버스 차창을 통해 보이는 어느 여인네의 까만 옷이 내 시선을 잡는다. 까만 머릿수건을 두르고 검은색 치마에 검은색 윗옷에 검은 망토까지 둘렀다. 천의 느낌으로 보아 평상복 같지는 않고, 이 지역의 전통적인 의복으로 차려입고 나들잇길을 나선 중년의 아주머니 같다. 그런데 색깔과 옷의 분위기가 틀림없이 우리나라 수녀님의 제복이다. 요즈음 수녀님의 옷은 간편하게 변모하기는 했지만, 그 아주머니의 옷은 내가 어려서 보던 우리 수녀님의 옷과 똑같다.

　남정네들이 입는 가라베야라는 이들의 전통 옷도 성당의 신부님 옷이랑 흡사하다. 색깔만 다를 뿐 생긴 것은 틀림없이 우리 신부님의 '수단'이라고 부르는 옷이다. 이 사람들은 주로 밝은색의 가라베야를 많이 입고 사는데 그옷은 통풍에 그만이라고 한다. 보기에도 시원해 보인다. 시원하면서도 별로 불편할 것 없는 생김새 때문인지 이들은 전통 옷인 이 옷을 지금도 입고 산다. 우리네 한복이 평상복으로서의 구실을 버린 지가 옛날인 걸 생각하면, 이들의 전통 옷은 기능적으로 우리 한복보다 한 수 위이다.

　어쨌거나, 이들의 옷에선 우리 신부님과 수녀님의 옷이 생각난다. 전적으로 내 짐작이지만 초기 그리스도교의 부흥지라는 이곳 이집트는 예수님과 제자들의 왕래가 있던 곳이다. 초기 수도원의 설립 역시 이곳 이집트에서 성했던 것을 생각하면, 수도자의 제복이 이 지역의 전통옷과 닮아 있는 사실이 그렇게 특별한 일이라고 할 수는 없겠다. 오히려 당연한 일이 아닐까. 흠, 내 짐작이 대견하다. 세상에 엉뚱하게 생기는 건 없다. 알고 보면 어디론가로 까닭의 끈이 이어져 있기 마련이다.

이 사람들에게도 아침나절이 일하기 좋은 때인지, 들판에서 일하는 농부들이 손길이 멀리서 보아도 분주하다. 따가운 햇볕이 내리쬐는 12월의 푸른 들녘이 싱그럽다. 나귀가 넓은 들판에서 사람들의 발도 되어주고 짐꾼도 되어준다. 철없는 이방인의 눈에는 나귀를 타고 들판을 오가는 농부들이 재미있어 보인다. 키 작고 예쁜 나귀, 타보고 싶다.

버스는 동네 손님을 다 태우고서야 본격적으로 달리기 시작한다. 운전사가 버스 안이 정리되었다고 생각했는지 라디오를 튼다. 라디오에서는 째지는 듯한 소리가 들리는데 곧 끝나겠지 싶어 기다려 본다. 이들의 경전인 코란을 읽는 소리라는데 아무리 기다려도 그칠 줄을 모른다. 라마단 기간을 신성하게 보내기 위해 아나운서의 해설과 함께 코란 독경을 방송하고 있는 것이다.

웬만하면 남의 나라의 신앙생활인 코란 독경에 시비를 걸 여행자가 어디 있겠는가. 그런데 이건 아니다. 어떤 방법으로 내는 소리인지는 모르겠지만 사람의 소리라고는 생각할 수 없는 째지는 소리로 단조로운 음률을 끝없이 되풀이한다. 단말마의 비명? 돼지 멱따는 소리? 아니다, 내가 아는 어떤 말로도 표현할 수 없는 고약한 소리다. 발작이 날 것 같다. 지옥이 있다면 그곳에서 들어야 할 소리다. 차 안을 둘러보니 현지인도 여행자도 모두 조용하다.

현지인은 늘 듣던 소리니 괜찮을 테고 여행자들이야 어쩔 것인가. 남의 나라에 와서, 그것도 종교에 관계된 일을 가지고 시비를 할 수는 없지 않은가. 난감하다. 질 나쁜 라디오에서 그것도 볼륨은 있는 대로 올려서 내는 저 끔찍한 소리를 언제까지 들어야 하나. 도저히 참을 수가 없어서 적극적인 대처방법을 물색한다.

묘안으로 씹던 껌을 휴지에 싸서 귀에다 넣어 보았다. 실행해 보니 완벽하지는 않아도 훨씬 낫다. 그런데 껌의 양이 적었는지, 녹아버린 건지 한쪽 귀의 껌이 귓속으로 쏙 들어가 버렸다. 이런 불상사가 있나, 꺼내려 애를 쓰니 더욱 깊이 밀려 들어간다. 옆에 있는 시몬에게 꺼내달라고 하니 눈을 하얗게 흘기며 싫다고 한다.

참을성 없는 마누라가 미운 모양이다. 우여곡절 끝에 귀에서 나온 껌을 보고 나는 마음을 바꾸기로 했다. 참아보자. 죽기야 할까. 다행히 어느 현지인 신사분의 요청으로 운전사는 라디오의 볼륨을 낮춘다.

이제 버스가 본격적으로 사막으로 들어선다. 끝없이 너른 벌판에 모래언덕이 소복소복 앉아 있는데 모래언덕의 끝부분이 까만 흙으로 살짝 덮여 있다. 언덕 가까이 지날 때 보니 까만 모래로 보이던 것은 뜻밖에도 바위다. 사막 한가운데에 외줄로 나 있는 길을 따라 버스가 하염없이 달린다. 오로지 모래 언덕만이 끝없이 이어진 외로운 이 길에서, 아닌 게 아니라 마음을 달리 먹은 택시운전사가 있다면 모래언덕 뒤로 들어가 손님을 잡아먹어도 모르겠다.

차는 점점 깊은 사막으로 들어간다. 가끔 모래더미 위로 퐁퐁 솟아오르는 샘이 보인다. 나오자마자 모래 속으로 스며 들어가 고이지도 흐르지도 못하는 샘이지만 거친 사막에서 보는 물줄기가 몹시도 신기하다. 지금은 마른풀로 사막의 거죽에 붙어있는 풀더미도 여름에는 저 샘의 물기에 의지해 줄기를 뻗어 보았을 터이다.

모래언덕이 차츰 높아지며 끝으로만 살짝 보이던 바위들이 점점 뼈대를 드러내며 험준한 바위산의 모습으로 변해간다. 상상해 본 적 없는 사막의 모습이다. 내가 알고 있는 사막은 바람이 만들어낸 아름다운 무늬가 끝없이 이어져 있는 모래벌판이다. 그곳 어디엔가 대추야자나무 우거진 그늘과 맑은 물 퐁퐁 솟아나는 샘이 숨어 있다. 낙타를 타고 사막을 지나는 대상이 오아시스를 찾아오면 샘은 생명의 물을 기꺼이 나누어준다. 이것이 나의 사막에 대한 정의다.

이렇게 험준한 바위산이 빽빽이 들어 차있는 사막은 말 조차 들어본 적이 없다. 나는 어째서 태초부터 이 자리에 있었던 바위 사막의 이야기를 모르고 있었을까. 하염없이 바위산 사이를 달리던 차가 다시 누런 모래가 덮인 황량한 벌판으로 나온다.

이 길은 모세가 이집트에서 백성을 이끌고 가나안 땅으로 가던 길로 추정되는 몇 개의 길 중 하나라고 한다. 버스로 다섯 시간이면 지나갈 수 있는 사막의 길을 모세와 그의 백성은 긴 세월을 보내며 지나간다. 우리라면 단 사흘도 못 견디게 생긴 척박한 땅에서 그들은 무슨 까닭으로 그렇게 오랜 세월을 머물렀던 것일까.

우상숭배로 하느님을 배반하고 모세의 속을 썩이던 백성들이 살던 황량한 사막을 지나간다. 생명의 싹이라고는 어디에도 찾아볼 수 없는 이곳에, 그래도 가끔 보이는 샘이 옛날 이 사막을 지나던 사람들의 생명을 거두어 준 오아시스의 원천은 아니었을까. 가도 가도 사막이다. 여행자의 상념도 이어진다.

할 수 있다면 걸어보고 싶다. 거칠고 굵은 모래도 만져보고 싶고, 모래의 감촉을 느끼며 언덕도 넘고 싶다. 퐁퐁 솟아오르는 모래 속 샘에 손을 넣어 물줄기의 힘도 느껴보고 싶다. 택시를 전세내어 타고 왔더라면 흉내는 내 보았을 텐데 노선버스에 앉은 몸으로는 불가능한 꿈이다. 이제 사막을 벗어나려는지 가끔 길옆으로 집이 보인다.

갑자기 멀리 사막 한가운데 굴뚝처럼 하얀 기둥이 보이더니 온 천지가 흙먼지로 뒤덮인다. 용오름인지 회오리인지 큰 바람이 몰려온다. 사막이 만들어낸 모래 폭풍이다. 우리는 갑자기 닥친 상황이 당황스러운데 버스는 라이트를 켜고 쉼 없이 달린다.

이 마을은 늘 사나운 바람에 시달리는지, 날아갈 듯이 강한 바람 속에서도 길거리의 사람들은 모두 갈 길을 멈추지 않는다. 길거리 푸줏간에 걸어 놓은 허연 고깃덩어리도 모래바람을 다 뒤집어쓰고 시장통 허름한 가게도 흙먼지를 그대로 맞으며 좌판을 벌이고 있다. 이 마을은 이국 속의 이국이다. 또 다른 생경함을 맛보며 작은 마을을 지나간다.

다이버의 천국, 후루가다

이제 버스는 바다를 보며 달린다. 시몬이 홍해라고 알려 준다. 후르가다가 가까워진 모양이다. 이 지역은 아름다운 바닷속 덕분에 스쿠버 다이버들의 천국이라고 한다. 저 바다 어디쯤이 모세의 백성이 지나간 곳일까.

우리도 내일이면 시나이로 간다. 모세의 백성은 오로지 기적으로 건너갈 수 있었던 홍해를 우리는 배를 타고 건너간다. 바닷가를 따라 호텔로 보이는 건물이 보이더니 곧 후루가다 시내에 도착한다. 어렵지 않게 숙소를 정하고 곧 시내 구경도 할 겸 배표를 사기 위해 항구를 찾아 나선다.

이 도시는 사막 속의 도시다. 그럼에도 불구하고 황량한 사막의 풍경을 푸르게 가꾸어 보려고 애쓰는 모습이 도시 구석구석에 보인다. 호텔의 정원이나 길거리의 나무에도 밑동에 물을 부어 준 흔적이 역력하다. 그런 정성이 무색하게 나무들의 모습이 영 시원찮다. 물기를 머금지 못하는 척박한 땅이 안타까울 뿐이다.

바닷가로 가서 홍해에 손을 담가본다. 검푸르게 넘실거리는 바닷물이 무섭다. 스쿠버다이버들이 뛰어내릴 수 있도록 만든 방파제에서 지는 해를 배경으로 서있는 제 엄마아빠를 아들이 카메라에 담는다. 지는 해를 받아 붉게 물드는 바다라서 홍해라면 모를까, 바닷물은 맑고 투명하기만 한데 왜 홍해라고 부르는 걸까. 혹시 바닷속에 붉은 산호가 그득히 쌓여있는 것은 아닐런지, 붉은 산호 사이로 푸른 수초가 남실거리고 수초 이파리를 꼬리로 치며 금빛 은빛 고기들이 떼 지어 몰려다니는 바다 속의 풍경을 상상해 본다.

한참을 걸어도 항구를 찾을 수 없다. 지나가는 여학생에게 길을 물으니 고사리 같은 손을 내저으며 모르겠단다. 생각보다 크게 도시를 이루고 사는 사람들, 한쪽으로는 바다가 보이고 한쪽으로는 사람들이 사는 마을이다. 그 사이에 거친 모래 언덕이 너르게 펼쳐져 있다. 이곳은 도시 속의 사막이다. 아니, 사막 한가운데 도시라고 하는 게 맞으려나.

길가 여염집 울타리 없는 마당에 자잘한 꽃들이 자라고 있다. 물을 주며 보듬어 키우는 주인의 정성이 눈에 보이는데 꽃은 누렇게 잎이 말라 들어가고 있다. 저절로는 길가에 잡초 한 뿌리도 자라지 않는 땅이지만 어서 이 도시 사람들의 소원대로 푸르름이 울창한 아름다운 도시가 되었으면 좋겠다. 홍해가 갈라지는 기적보다 더 어려워 보이기는 하지만 이미 '절반의 기적'을 이룬 이 사람들에게 불가능한 일이 있겠는가. 이곳에서 초록색은 두손으로 받쳐들고 보아야 하는 귀한 색이다.

항구를 찾지 못한 채 호텔로 돌아오니 호텔직원이 자기가 배표를 사다 주겠다고 한다. 잠시 후 저녁을 먹고 들어온 우리에게 직원이 실망스러운 소식을 전한다. 시나이행 배의 운항날짜가 매주 월요일에서 목요일로 최근에 바뀌었다는 것이다. 시몬의 정확한 일정표가 처음으로 어긋나는 순간이다.

동이집트 사막을 따라와 홍해를 건넌 다음 시나이반도에 올라서 모세의 발자취를 더듬어 보려고 한 우리의 여행 계획이 틀어졌다. 시몬이 실망을 감추지 못하는 내게 여러 가지 여행계획이 있으니 걱정하지 말라고 한다. 내일 아침 일찍 수에즈로 가서 운하도 보고, 가는 길에 있는 아름다운 수도원 몇 군데에도 들려보자고 한다. 어수선한 마음으로 잠자리에 든다.

여정을 바꿔 다시 카이로로

아침 일찍 짐을 꾸려 호텔을 나선다. 수에즈 쪽으로 가서 운하를 보고, 도중에 있는 두 곳의 수도원에도 들러보기로 했다. 그러기 위해서는 교통수단으로 택시를 전세 내야 한다.

배낭을 지고 호텔 문을 나서자마자 택시 손님을 찾는 삐끼들이 다가온다. 우리가 이미 알아 본 요금이 있는데 아저씨는 그보다 몇 배가 넘는 요금을 부른다. 한참을 흥정해 목적지와 값을 정하고 차에 타려 하는데 아저씨 태도에 석연치 않은 구석이 있다. 우리가 보기에 아저씨는 영어를 잘하는 사람이다. 그런데 본인의 의사는 정확히 표현하면서도 우리가 하는 말 중 중요한 부분에는 애매한 태도를 보인다. 아무래도 나중에 엉뚱한 소리를 할 사람으로 보여 흥정을 취소하고 다시 일정을 변경한다.

오늘 카이로로 가서 내일 새벽 알렉산드리아로 가기로 했다. 프톨레마이오스 왕조의 마지막 여왕 클레오파트라가 살던 도시 알렉산드리아, 그것도 좋겠다 싶어 대찬성이다. 후루가다 정류장으로 가서 10시에 떠나는 카이로행 버스를 기다리는데 좀 전의 삐끼아저씨가 헐레벌떡 뛰어와서 우리를 찾는다. 놓친 손님이 아쉬운지 한참을 조르다가 카이로행 버스표를 보여주니 그제서 돌아선다.

카이로행 버스는 10시 정각에 출발해 후루가다 시내를 벗어나자마자 사막으로 들어선다. 한쪽으로 홍해를 바라보고 있는 동이집트 사막이다. 버스는 때로는 사막 한가운데로, 때로는 빠질 듯이 바다와 가까이 달린다. 바다의 색깔이 여느 바다와 다르다. 쪽빛이 아니고 옥빛 바다다. 맑은 물이 구슬처럼 찰랑거리는 바다가 황홀하리만큼 아름답다. 풀 한 포기 살지 못하는 사막에 그것도 무서운 모래폭풍이 천지를 위협하는 사막에 두고 가기는 아까운 바다다. 한낮에는 이글거리는 태양이, 밤에는 말없이 크기만 한 달이 유일한 벗이라면 벗일까, 갈매기도 바위도 없는 바다가 외로워 보인다. 그래도 이렇게 지나가는 여행자의 입소문 덕분인지, 바닷가에는 가끔 호텔로 보이는 건물이 건축 중이다. 그것을 바라보는 내 마음에 걱정이 인다. 혹시 사람들이 몰려오기 시작하면 순수한 이 바다에도 흥청거리는 도시의 돈과 소란함이 스며들까 싶어서다. 태고의 순수함을 간직한 청정한 바다가 아름다워 주제넘은 걱정을 해본다. 그러나, 그것도 도시에서 가지고 온 욕심이다. 누구라도 소유할 수 없는 아름다운 바다, 이 순간 바라보는 즐거움만이 내 몫이다. 버스는 한 번도 쉬지 않고 여섯 시간을 달려 카이로에 도착한다.

카이로는 여전히 분주하다. 지난번에 타릭 아저씨가 소개해준 호텔로 가기 위해 택시를 잡았는데, 이 택시가 기가 막힌다.

우리 숙소는 버스 터미널에서 그리 멀지 않은 곳이다. 택시운전사에게 호텔 명함을 보여주었는데도 이 사람 저 사람에게 길을 묻는다. 아저씨가 글을 전혀 모르는 것 같다. 당연히 영어도 한마디 못하니 말도 안 통하고, 내리려니 택시 문이 안 열린다. 폐차장에서 삼 년은 묵은 듯 보이는 택시, 아저씨가 부지깽이 같은 드라이버로 몇 번씩 쑤셔야 문이 열리고 자동차 앞부분에는 핸들 이외에는 조작할 수 있는 어떤 계기도 남아 있지 않다. 물론 차 유리도 없다. 거기에 무면허 운전인지 교통경찰만 보이면 아무 곳으로나 핸들을 틀어 도망간다. 가까스로 호텔에 도착하니 타릭 아저씨의 친구가 반갑게 맞아준다. 우리는 벌써 카이로에 인연을 만들어 놓은 것이다. 타릭 아저씨의 친구라는 이유 하나로 스스럼없이 찾아 들은 호텔, 훌륭한 숙소는 아니지만 진심어린 환대가 고맙다.

타릭 아저씨의 친구는 독실한 콥트교 신자다. 이슬람 국가에서 소수파 종교의 신앙생활이 그리 쉬운 일은 아닐 텐데, 아저씨의 독실한 믿음은 같은 하느님을 믿는 나를 부끄럽게 한다. 젊은 남자의 확신에 찬 그러나 겸손한 신앙 이야기를 마주 앉아 듣는다. 아저씨는 수첩을 꺼내더니 그 안에 들어있는 성 모자상의 상본을 보여준다. 생활 깊숙이 들어와 있는 그들의 믿음을 본다.

그중에 하나를 골라서 나에게 주는데, 조그마한 상본에는 성모자 가족이 들어있다. 오래되어 종이 끝이 나긋거리는 상본을, 그의 마음과 함께 받는다.

저녁을 먹으려고 호텔을 나서 타흐리르 광장 쪽으로 걷는데 거리가 쥐죽은 듯 조용하다. 어둡기는 하지만 아직 이른 저녁인데 조용한 거리가 이상스럽다. 무서울 정도로 인적이 없는 거리를 걸어서 광장 옆의 패스트푸드점에서 간단히 저녁을 먹고 나오니, 다시 거리가 부서질 듯이 차와 사람들로 북새통을 이룬다.

잠시 거리가 빈 이유는, 이 사람들의 저녁 식사 시간이었기 때문이란다. 라마단 기간에는, 종일 굶다가 식사를 할 수 있는 5시가 되면 이들은 식사시간에 맞추어 돌아가기 위해 미친 듯이 차를 몰아 거리를 아수라장으로 만든다. 라마단이 끝나면 이들의 교통질서도 조금 나아진다고 하는데. 글쎄, 믿기 어렵다.

돌아오는 길에 호텔 근처 어디에선가 종소리가 들린다. 소리 나는 곳으로 찾아 들어가 보니, 마침 콥트교회의 저녁 예배시간이다. 잘 되었다 싶어서 예식에 참여해 보려고 하는데, 성인이가 가자고 조른다. 콥트교회, 고색이 찬란한 아름다운 성당에서 경건한 예식까지 느껴보고 싶었는데 놈이 투덜거려 아쉽지만 돌아선다.

　호텔로 돌아와 아이들이 잠든 후 맥주 한잔 하려고 호텔 레스토랑에 갔더니 라마단 기간에는 팔지 않는단다. 맥주 대신 콜라 한잔 마시고 돌아와 잠자리에 누웠다. 내일 아침 일찍 알렉산드리아로 가려면 타릭 아저씨에게 연락이 잘 돼야 하는데, 아저씨에게 연락이 닿았는지 모르겠다. 꼭 닫은 창문 틈으로 카이로 시내의 소음이 새어 들어온다. 얼마나 고단한지 잠깐 사이에 그 소리도 들리지 않는다.

클레오파트라의 도시, 알렉산드리아

사막의 성자, 마카리우스 수도원

아침 일찍 채비하여 호텔 로비에 내려오니, 타릭 아저씨가 빙그레 웃으며 서 있다. 정말 반갑다. 휴대전화가 없는 아저씨는 일이 끝난 오늘 새벽에야 우리 소식을 들었다고 한다. 이들은 자동차 한 대를 가지고 형제가 번갈아 가며 운전을 하여 생업을 꾸려간다. 원래대로 한다면 오늘은 아저씨가 쉬고 동생이 운전하는 날이다. 그런데도 우리를 위해서 차를 몰고 와 준 아저씨가 고맙다.

오늘은 알렉산드리아, 그리고 와디나트룬에 있는 마카리우스 수도원을 방문한다. 카이로에서 알렉산드리아까지는 90km라니 보통 우리네 차로 달리면 한 시간 남짓이면 충분할 거리지만 아저씨

차로는 3시간 정도 걸리겠다. 믿기 어렵지만 사실이다.

혼잡한 카이로를 벗어나자마자 바로 사막이 나타난다. 그러나 모래벌판의 사막이 아니고 제법 사람의 손길이 느껴지는 사막이다. 길 양쪽으로 어떻게든 가꾸어 보려고 애쓰는 모습이 역력한 농장이 드문드문 보인다. 어떤 농장은 야자수 농장 같은데 어떻게 된 일인지 야자수 특유의 이파리는 하나도 보이지 않고, 말라 죽어가는 몸통만 남아 있어 보는 사람의 마음을 안타깝게 한다. 그래도 길가에는 그런 농장들이 이어져 있어서 어제 본 사막과는 판이한 모습이다. 이곳의 연간 강수량은 30mm 정도라니 전적으로 사람의 노력으로 나무를 키워야 한다.

가끔 우리나라 제주도에서 많이 볼 수 있는 삼나무처럼 생긴 나무가 무성한 숲을 이루고 있다. 이렇게라도 키운 나무가 자라서 뿌리를 내리게 되면 어쩌다 내리는 빗물도 머금을 수 있을 테고, 그러다 보면 땅은 점차 물기를 머금어 숲도 만들고 초원도 만들어 언젠가는 사막도 면하게 되지 않을까 기대해 본다.

될 일인지 안 될 일인지 모를 생각에 빠져 있는데 들판이 점점 푸르러 간다. 차가 울창한 숲으로 들어서니 제법 수령이 되어 보이는 키 큰 나무들이 정글같이 숲을 이루고 있다. 숲 한가운데로 나 있는 터널 같은 길을 따라가니 물탱크차가 굵은 물줄기를 뿜어내고 있다. 그렇구나, 사막 한가운데 웬 숲인가 했더니, 이렇게 사람이 애를 써야 하는구나. 사람의 힘으로 자연을 만든다는 것이 얼마나 어려운 일인가 실감한다.

삼나무 터널을 지나니 돌담에 붙은 철대문이 보이고 대문의 안내소에서 꼬마들이 나온다. 수도원 방문을 청하니 수도원에 연락하여 허락을 받는 듯 보인다. 아이들이 열어주는 문으로 들어가 또다시 삼나무 숲을 지나니 거대한 돌담이 보이고, 돌담의 대문 앞에 두 분의 수사님이 우리를 기다리고 있다.

성 마카리우스 수도원의 수도자들이다. 수사님들은 모자가 달린 검정색 수도복을 입고 농사일을 하다 나왔는지 밀짚모자를 쓰고 있다. 수염 때문에 나이는 짐작할 수 없지만, 인자한 웃음으로 방문자를 맞아준다. 카이로와 알렉산드리아 사이에 있는 이곳 와디나투룬은 옛날에 천연 소다를 채굴하던 곳으로, 콥트교의 수도원으로 유명하다. 4세기경부터 기독교가 전파되기 시작한 이곳 와디나트룬에는 성 마카리우스가 수도 생활을 시작하며 교회와 신앙공동체가 번성하게 되었다고 한다. 한때 이 지역에는 수도원의 수가 50여 개에 이를 정도로 성했으나, 9세기에 베르베르인의 약탈과 페스트 등의 수난을 겪으며 지금은 4개의 수도원만이 남아 명맥을 이어가고 있다.

지금도 올드 카이로의 콥트교 주교는 와디나트룬의 수도자 중에서 뽑는 것이 관례이다. 그중에 한 곳인 이곳 마카리우스 수도원은 사막의 모래벌판 한가운데 성채처럼 높은 담으로 완벽하게 요새를 이루고 있다. 이곳의 험난한 역사를 잠시 후에 수사님에게 들었다.

육중한 대문 안으로 들어서니 수도원의 안뜰이다. 우리가 방명록에 글을 남기자 수사님은 바로 전날 한국의 모 방송국에서 크리스마스 특집으로 이곳을 촬영해 갔다고 전해 준다. 서울에 돌아와서 12월 25일 방영된 마카리우스 수도원의 이야기를 보았다.

이곳에는 세 개의 작은 성당이 있는데 수사님은 먼저 이곳에서 가장 오래되었다는 성당으로 우리를 안내한다. 문을 열고 들어가니 성당의 전면에 닫혀진 아치 문이 있다. 아름다운 조각이 들어있는 이 아치문은 놀랍게도 초기 수도원 당시의 문에서 떼어낸 것이다. 근대에 들어 다시 틀에 붙여서 만들었다고 한다. 낡은 문에서 떼어내 다시 태어난 조각이 옛날 수도자들의 정신이라도 되는 양 경건하고 신비스럽다. 아치문 위에는 천사의 모습과 예수님의 최후의 만찬을 그린 이콘이 걸려있다. '천사의 이콘'은 수사님 자신의 작품이라고 한다. 아치문의 조각 사이로 문 안쪽에 있는 제단을 들여다 보았다.

제단 뒤에 예수님의 이콘이 놓여있다. 옛날 그대로의 모습을 지키려고 애쓴 바닥, 제대, 벽, 그리고 절어 붙은 당시의 때조차 정성스럽게 보존된 이곳에서 사람의 유한한 생명을 뛰어넘어 전해오는, 오래전 사람들의 생명력을 느낀다.

두 번째 성당에는 세례자 요한의 무덤이 있다. 수사님이 마루에 엎드려 마루 한쪽을 들어내니 그 밑으로 흙이 보인다. 흙 속에 세례자 요한의 유골이 묻혀 있다고 한다. 그의 목은 다마스쿠스에 있고 몸은 이곳에 있다. 세 번째 성당은 순교자 성당이다. 초기 수도자 49명이 베르베르인에 의해 이곳에서 모두 순교했다. 순교한 49인의 무덤 위에 십자가가 서있고 벽에는 이들의 모습이 담긴 이콘이 걸려있다.

작은 성당 안에 순교 당시의 절절한 기도 소리가 들리는 듯해서 숙연해진다. 창립자인 성 마카리우스의 유골이 그의 초상화 아래, 동그랗고 길쭉한 통 안에 들어있다. 거무스름한 돌이 박혀 있는 바닥, 거친 돌과 다듬어지지 않은 나무로 지어진 작은 교회의 공간이 다정하고 소박하다.

이 모든 것을 아름답게 하는 건 남아있는 사람들의 사랑 덕분인 것 같다. 옛사람들의 정신을 존경하고 따르는 이들의 마음이 잠시 들른 우리의 마음까지 따뜻하게 해준다.

다음에 간 곳이 초기 수도자들의 방이다. 한 평이 안 될 듯싶은 작은 방에 손 하나 들락거릴 정도의 창이 뚫려있다. 수도자들은 그곳으로 음식과 물을 공급받으며 기도에 몰두했다고 한다.

마당 한구석에 완벽하게 요새를 이룬 건물이 있다. 자주 침입해오는 베르베르족의 침입을 막기 위해 지은 건물이다. 이 건물에는 출입구가 없다. 3~4층 높이의 건물에 드문드문 작은 창이 있을 뿐이다. 요새 앞에 작은 건물을 따로 지어 그곳과 요새의 위쪽에 다리를 놓아 필요할 때만 다리를 놓아 출입하고 즉시 요새 쪽으로 접어 올렸다고 한다. 이들은 무엇 때문에 생명의 위협 속에서도 이곳에 모여 수도 생활을 했을까. 어리석은 질문이다.

작은 성당, 작은 문, 이곳의 모든 것은 작은 것이 아름답다는 말을 충실하게 증명한다. 이들의 '작음'에는 겸손함과 정성 그리고 하느님에 대한 애틋한 사랑이 들어있다.

아이들이 기념품 가게를 찾는다. 재보다 잿밥에 마음이 있는 녀석들이 수사님이 성물 판매소의 물건들을 꺼내놓자 눈을 반짝거리며 달려든다. 콥트교 십자가, 십자가 메달 등 몇 가지를 사고 약간의 헌금을 하니 수사님이 매우 미안해하며 헌금보다 더 많은 선물을 준다. 조곤조곤 친절하게 안내해 준 수사님은 우리를 등나무 아래 벤치로 안내하고는 밀 빵과 올리브 절임, 그리고 홍차를 내 온다.

약사 출신이라는 수사님은 자신의 이력도 이야기하고, 100여 분의 수도자들이 700여 명의 농부와 함께 일하며 수도 생활을 하고 있다는 이곳 수도원의 이야기를 들려준다.

수사님이 내온 밀 빵과 올리브는 이곳에서 직접 농사지은 것으로 수도자들의 중요한 식량이다. 빵은 소금을 넣지 않은 순수한 밀 빵이다. 담백한 맛이 나는데 진흙 화덕에 구워서 그런지 모래가 씹힌다. 아무 맛도 나지 않는 빵이지만, 올리브와 함께 먹으니 그런대로 맛 있다. 수사님이 슬그머니 주방으로 가더니 빵을 한 봉투 담아 내온다. 나는 잘 발효된 올리브 절임이 맛있어서 그동안 못 먹은 김치 삼아 콩 집어 먹듯 주워 먹었다. 이번에는 앞에 앉아서 우리를 바라보고 있던 다른 수사님이 슬그머니 주방으로 들어가더니 올리브 절임을 한 봉투 담아 들고 온다. 이 사람들이 굶고 다니나. 짠 것을 저리 먹다니, 의아했던 걸까. 생각지도 못한 두 수사님의 따뜻한 마음이 내 마음에 흘러들어온다.

수사님이 싸준 빵과 올리브 절임을 안고 수도원을 떠난다. 수사님은 우리 식구 모두를 다정하게 안아 주며 작별 인사를 한다. 그리고도 대문 밖까지 따라 나와서 한참 동안 손을 흔든다. 농장을 빠져나오니, 길가에 앉아 있던 수사님들도 미소로 배웅을 한다. 부끄럽게도 아무것도 가져오지 않은 우리는 이곳에서 너무나 큰 것을 가지고 간다. 욕심 없는 소박한 생활, 그리고 생면부지의 이웃에게 나누어 주는 사랑이, 아직 내가 사는 세상에 존재하는 것을 보고 간다. '사랑'이란 진부한 단어가 이곳에서는 제 빛을 내며 살아있다. 수사님이 싸준 빵과 올리브는 아직 우리 집 냉장고에 들어있다. 일 년이 다 되어가도록 못 먹은 음식을, 그래도 끌어안고 있는 까닭은 거기 들어있는 그분들의 사랑 때문이다.

지중해의 진주, 알렉산드리아

알렉산드리아로 향한다. 이곳에서 알렉산드리아는 그리 먼 곳이 아니라는데 가도 가도 길이 줄어들지 않는다. 아저씨 차가 너무 낡아서 속력을 내지 못하기 때문이다. 더구나 장정 네 사람이 타고 트렁크에는 배낭까지 잔뜩 들었으니 가뜩이나 낡은 차가 더욱 부담을 느꼈을 것이다. 힘겹게 도착한 알렉산드리아는 카이로와는 완전히 다른 분위기다. 밝고 깨끗하며 거리도 부산스럽지 않고 사람들도 여유로워 보인다.

이 도시는 이름 그대로 알렉산더 대왕이 기원전 4세기에 건설한 도시이다. 그의 부하 프톨레마이오스가 세운 프톨레마이오스 왕조 시대에 수도로 격상되며 지중해 문화의 중심이 된다. 저 유명한 클레오파트라가 살던 도시이기도 한데 온갖 노력에도 불구하고 그녀는 프톨레마이오스의 마지막 여왕으로서 비운을 맞게 된다. 도시는 로마에 정복되어 7세기 아랍의 침입이 있기 전까지 유럽 문화가 번성했다. 먼저 그레코로만 박물관으로 향한다.

박물관의 이름 그대로 이곳의 전시품은 로마 시대의 유물이 주류를 이룬다. 유백색의 대리석 조각 작품이 그리스의 아테네와 올림피아 박물관에서 본 것과 거의 같다. 이집트에 세워진 유럽의 도시라는 말을 증명이라도 하듯, 힘센 자에게 정복되어 정복자의 문화를 그대로 흡수하는 땅의 단순함을 잘 보여주고 있다.

박물관 안, 전시실에 어찌 들어왔는지 아기고양이 한 마리가 우리를 졸졸 따라다닌다. 손바닥에 얹어 준 빵을 맛있게 먹는 것을 보니 아마도 어미를 잃은 새끼고양이 같다. 귀중해 보이는 유물에 비해 관리가 허술해 보인다. 이곳도 문을 닫는다고 하여 서둘러 나와 근처의 시내를 둘러 보기로 한다.

영국의 식민지를 거친 이곳의 건축물은, 화려한 빅토리아풍의 장식을 한 건물이 주류를 이루고 있어서 거리가 화려하다. 이집트 속의 유럽이다.

박물관 앞에 주차해 놓은 차 중에 '엑셀'이 있다. 우리나라에서는 이미 단종된지 오래인 엑셀이 이곳에서는 돋보이는 차 중의 하나다. 대부분의 자동차가 너무 낡은 덕에 비교적 깨끗해 보이는 엑셀이 단연 으뜸으로 보인다. 더구나 그 차의 주인이 까만 양복을 입고 까만 선글라스를 낀, 영화배우같이 잘 생긴 남자다. 차도 사람도 근사하다. 이곳에서는 낡은 엑셀도 귀족 대접을 받는다. 문득, 우리나라 사람들이 자동차를 낭비하고 있다는 생각이 든다. 우리도 5년된 엑셀을 30만 원에 팔았으니 그중의 한 사람이다.

바닷가 도로를 달린다. 해안을 따라 늘어선 거리에 역시 빅토리아풍의 화려한 건물이 눈길을 끈다. 고층 아파트도 있는데, 단순한 우리나라의 아파트와는 다르게 화려하고 웅장한 모습이다.

해안도로 막다른 곳에 웅장한 성곽의 모습으로 카이트베이 요새가 나타난다. 15세기 맘루크 왕조의 술탄 카이트베이가 세운 건축물이다. 원래 이곳은 고대 7대 불가사의 중의 하나라고 알려진 파로스의 등대가 있던 자리다. 파로스의 등대는 알렉산더 대왕의 아이디어에 따라 프톨레마이오스 2세가 기원전 3세기에 세운 것으로 높이가 135m나 되어 백리가 넘는 곳까지 빛을 비추었는데, 14세기의 대지진으로 사라졌다고 전해진다. 지금의 카이트베이 요새는 건물의 한 쪽면만이 육지에 붙어 있을 뿐, 나머지 3면은 바닷물 속에 잠긴 채 망망한 대해를 바라보고 있다. 성채가 쓸쓸해 보인다.

시몬이 이 바다를 곧장 가로질러 가면 지중해의 도시 안탈리아가 나온다고 말한다. 아스라한 수평선 너머로, 꽃나무 줄기가 흐드러지던 안탈리아의 모습이 보이는 것 같다. 동네 아이들이 소라 껍데기로 만든 목걸이를 손에 들고 다니며 판다. 몇 개 사서 지원이와 나누어 걸었다. 서울에 가서 목걸이를 보면 알렉산드리아에서 바라 본 지중해의 푸른 물결이 생각날 것 같다.

어느새 해가 뉘엿거린다. 몬타자 궁전을 찾아 바닷가 길을 부지런히 달린다. 타릭 아저씨도 이곳의 지리를 잘 모르는지 몇 번이나 길을 물어 도착한 궁전, 이곳은 왕가의 여름 별장으로 1892년에 세웠다. 궁전의 내부는 일반에게는 공개되지 않는 미술관으로 사용한다. 알렉산드리아에서 가장 아름다운 곳에 알렉산드리아의 땅을 절반이나 잘라 만든 듯한 왕가의 별장, 아름답기로 소문난 정원까지 합쳐서 호화로움의 극치이다.

궁전 안의 작은 만을 가로지르는 다리 위에 서서 지중해로 떨어지는 저녁 해를 바라본다. 저녁 바람에 넘실거리는 바다를 한없이 바라보고 싶지만, 안타깝게도 넉넉한 시간이 아니다. 이곳에는 파도소리가 들리는 작은 초막도 있고, 호젓한 숲길도 있으며, 잔잔한 물결이 찰랑거리는 예쁜 백사장도 있다. 종일 걸어도 아기자기한 풍경을 다 볼 수 없다. 조그마한 항구도 있고, 호화로운 호텔과 레스토랑까지 있어서 화려한 휴가를 보내기는 그만이겠다. 별장 안이 얼마나 넓은지 우리 차는 나오는 길을 찾지 못해 정글 같은 정원을 몇 번이나 돌았다. 풀 숲이 무성한 정원에 쭉쭉 뻗어 올라간 야자수와 각양각색의 꽃나무가 화려하다. 시간이 조금만 더 있었으면 정원의 진기한 나무와 꽃 구경도 했을 텐데, 아쉬움을 안고 어두워진 거리로 나온다.

이제 저녁을 먹고 카이로로 돌아가야 할 시간이다. 시몬이 아부키르라는 이 도시 동쪽 끝에 있는 어촌에서 생선요리를 먹자고 한다. 마음씨 좋은 타릭 아저씨가 물어물어 레스토랑으로 데려다주었다. 어두워서 보이지는 않지만, 레스토랑은 바닷가 절벽 위에 있는지 철썩거리는 파도 소리가 들려온다. 이 레스토랑은 손님이 직접 먹고 싶은 생선을 고르고 요리방법까지 선택할 수 있다. 맞춤식 요리인 셈이다. 우리는 타릭 아저씨의 도움으로 생선을 골라서 구워달라고 주문했다. 잠시 후 뼈를 발라 오븐에 구운 생선과 커다란 새우구이 그리고 특유의 향신료를 뿌린 야채 샐러드와 밀 빵으로 식탁을 차려준다. 처음으로 타릭 아저씨와 식사를 같이 하게 되었다. 아저씨는 언젠가 들판에서 풀을 뜯고 있는 양을 보고 '쉬쉬케밥'이라며 엄지손가락을 치켜세운 적이 있다. 아무래도 아저씨 표정으로 보아 생선요리가 양고기만 못한가 보다.

그러나 우리 식구 입맛에는 대만족이다. 갓 구워낸 싱싱한 생선 위에 소스를 바른 다음 이 사람들이 즐겨 먹는 통밀 빵에 얹어 먹는다. 부드러운 생선의 맛과 독특한 소스의 맛이 좋다. 지원이가 맛있는 새우를 오빠가 다 먹어 버렸다고 투덜댄다. 야채 샐러드는 갖은 야채에다 미나리 향이 나는 기름소스를 뿌려서 먹는다. 그동안 아침 저녁은 호텔에서 먹고, 점심은 패스트푸드점에서 간단하게 요기를 했으므로 이 생선 요리는 이집트에서 먹는 첫 번째이자 마지막 이집트 음식이 되는 셈이다. 타릭 아저씨는 똑같은 요리를 시장에서 먹으면 훨씬 싼 값에 먹을 수 있다며 이 레스토랑은 너무 비싸다고 우리 걱정을 해 준다.

이제 부지런히 카이로로 돌아가야 한다. 오늘로써 이번 여행의 공식적인 일정은 끝난다. 오늘 밤에 이집트를 떠나 이스탄불로 돌아가면 내일 하루를 그곳에서 보내고 다음 날 서울로 돌아간다.

카이로로 돌아가는 길에 타릭아저씨는 우리에게 평생 못 잊을 추억을 만들어 준다. 그 자신에게도 평생 잊지 못할 사투를 벌인 날로 기억되겠지만. 아저씨는 어제 종일 운전하고 새벽에 집에 들어왔으니 원래대로 하면 하루 쉬어야 한다. 사실 무리한 스케줄인데 우리 부탁을 거절하기 어려워 곧바로 운전대를 잡은 것이다. 더구나 저녁을 먹고 운전대를 잡았으니 쏟아지는 졸음은 당연한 일이다. 알렉산드리아를 떠난 직후부터 고개를 끄덕거리더니 얼마 못 가 노골적으로 존다. 질겁을 한 우리가 아저씨보고 잠깐 눈 좀 붙이고 가라고 해도 한사코 사양한다. 시몬이 조수석에 앉아서 아저씨가 좋아하는 '십시'를 계속 입에 넣어 주지만 그 효과도 잠시뿐, 룸미러로 비치는 아저씨의 눈이 개구리 눈꺼풀처럼 덮여 내려온다. 아저씨도 감긴 눈을 뜨려고 안간힘을 쓰는데 소용이 없다. 큰일 났다. 카이로까지 갈 일이 꿈만 같다. 아니, 카이로를 다시 볼 수 있을지 모르겠다. 마을의 구멍가게 앞에 차를 세우고 아저씨에게 커피라도 마실 것을 권했더니 아저씨는 굳이 콜라를 마시겠다고 한다. 그곳은 동네 사람들의 사랑방쯤 되는 것 같은데 저녁을 먹고 나온 아저씨들이 가게에 빙 둘러앉아 물담배를 피우며 알아듣지 못하는 말로 우리에게 말을 걸어온다. 곱슬거리는 머리카락을 내놓고 다니는 외국인 여자인 나는, 어떤 모습으로 그들의 입담에 오르려나 궁금하다.

내내 졸음과 싸우던 아저씨가 달빛이 좋다고 한마디 한다. 아이고, 그 와중에도 달빛이 보였나 보다. 그렇지않아도 아까부터 차창밖의 달빛이 어찌나 밝은지 바라보고 있는 터였다. 달빛을 흠뻑 받은 새털구름이 은하수처럼 하얀 빛을 쏟아내고 있다. 그 정경에 마음껏 빠져보고 싶지만, 언감생심 타릭 아저씨의 졸음운전 앞에서 그런 낭만은 꿈도 못 꿀 일이다. 자신의 처지를 아는지 모르는지 아저씨는 천연덕스럽게 우리보고 달빛 구경을 하란다. 내 인생에서 가장 길었던 다섯 시간을 달려 자정 무렵에 카이로 공항에 도착했다. 아저씨와 작별할 시간이다. 타릭 아저씨는 우리가 만난 최고의 이집트 사람이다. 꼭 다시 한번 만나고 싶다.

여행의 끝자락에서

세 번째 이스탄불

이스탄불 공항에 내리니 꼭두새벽이다. 망설임 없이 안드호텔로 향한다. 세 번째 보는 이스탄불이다. 내일이면 서울로 떠난다. 그래도 오늘 온종일 이스탄불에서 지낼 수 있으니 아직 부자 같다. 아침을 먹은 식구들이 피곤하다며 모두 침대로 들어간다. 그랜드 바자르에서 마음껏 쇼핑하라던 시몬은 잠에 빠져 일어날 생각을 않는다. 나가자고 깨웠더니 돌아눕는다.

모든 쇼핑은 마지막 날 하려고 미루었는데, 해도 짧은 나라에서 이렇게 잠만 자면 어쩜담. 사고 싶은 것 많은 나는 애가 탄다. 간신히 식구들을 깨워 그랜드 바자르로 향하는 데 벌써 11시다. 하늘은 낮게 내려앉고 부슬부슬 비도 뿌린다.

가는 길에 여행사집 개, 도비를 만났다. 그새 우리를 잊었는지 반갑게 불러도 데면데면하게 쳐다보더니 꼬리도 흔들지 않고 가버린다. 버릇이 없는 건지 머리가 나쁜 건지, 도비가 틀림없는데 이상하다.

그랜드 바자르는 없는 것 없는 터키 시장이다. 재래식 시장에 가까운 쇼핑센터지만 우리나라 백화점 부럽지 않은 정갈한 구조로 쾌적하기 이를 데 없다. 언제 보아도 마음을 사로잡는 이들의 물건들, 화려한 도자기, 주전자, 촛대, 향로, 램프를 바라보면 어릴적에 아라비안나이트를 읽으며 맛보았던 머나먼 나라에 대한 동경이 되살아 난다. 사실 이곳은 그 '머나먼 나라' 이기도 하다.

어느새 어린아이의 마음이 되어 이 골목 저 골목을 헤맨다. 예쁜 램프 4개를 샀다. 꾸미기 좋아하는 친구들 몫이다.

이집션 바자르에서는 낙타 모양 말 모양 따위의 열쇠고리를 사고 터키 카페트로 만든 책갈피도 샀다. 전통문양이 아름다운 그림엽서랑 옆집 아기 줄 작은 꽃병 그리고 종 모으는 것이 취미인 송이엄마 주려고 전갈 조각이 붙어있는 종을 샀다.

지원이는 보석상자와 백설 공주 거울, 터키 전통신발인 방울이 달린 신발, 친구 선물이라며 알라딘의 램프같이 생긴 작고 귀여운 구리주전자를 사고 좋아한다.

아직 사고 싶은 것 다 사려면 멀었는데 따라다니던 아비와 아들이 가자고 조른다. 아까부터 은근히 눈치를 주며 즐거운 쇼핑을 부담스럽게 하던 남자들이 더는 못 참겠는지 내놓고 불평한다. 성인이는 배낭에 들어갈 곳이 없다고 투덜거리고, 시몬은 보따리 장사꾼 같다고 불만을 토로한다. 기가 막혀, 크나 작으나 남자는 쇼핑에 도움이 되지 않는 존재다. 할 수 없이 나머지 쇼핑을 포기했다. 호두와 아몬드를 넣은 젤리와 터키 사람들이 노상 홀짝거리며 마시는 애플차 한 봉투를 사고 바자르를 나온다. 시장통에서 파는 군밤을 사서 먹으며 호텔로 돌아오니 어느새 3시다. 성인이와 시몬이 또 침대 속으로 들어간다.

자는 남자들 옆에서 사 온 물건을 챙기는데, 아무리 생각해도 내 것이 하나도 없다. 바라보면 이곳이 생각나는 물건 하나 없이 그냥 가면, 두고두고 후회할 것 같다. 바자르에 다녀오겠다고 하니, 시몬이 잠결에도 길 잃어버리면 큰일 난다고 못 가게 한다. 한 시간 안에 다녀오겠다고 약속을 하고 호텔을 나선다. 지원이와 둘이 손잡고 그랜드 바자르로 달렸다.

무슨 말씀, 나는 이제 이 동네의 뒷골목까지 꿰고 있다. 안드호텔을 나서면 조그만 기념품 가게가 있고 그 옆에 식품가게가, 길 건너엔 투어리스트 폴리스가 있다. 모퉁이를 돌아서면 도자기 가게, 여행사, 카페트 가게, 작은 로터리에 있는 분수대를 지나면 맛있는 음식을 유리장 안에 가득 진열해 놓은 로간따, 환전소, 엽서 파는 집, 피자집, 금은방, 맛도 있고 값도 싼 빵집, 약국 그리고 디스플레이가 유난히 멋스러운 골동품 가게가 있다. 그뿐인가 뒷골목에는 레스토랑의 벽에 알록달록한 터키 전통 옷을 걸어놓고 파는 거게가 있다. 그 골목을 돌면 바로 한국식당이다. 이만하면 집 잃어버릴 걱정은 안 해도 되지 않을까. 아무래도 시몬은 자기 아내를 과소평가하는 것 같다.

하나라도 더 보려고 막 뛰어서 도착한 그랜드바자르. 바자르 입구의 아치문은 '열려라 참깨' 하면 열리는 보물 동굴의 문이다. 문을 열고 들어서면 바로 환상의 나라다. 아무리 들여다보아도 가져갈 일이 막막한 도자기, 예쁘기 한량없지만 돌아선다. 금동가게에서 반짝거리는 주전자와 찻잔을 만져본다. 여기저기 기웃거리다 젊은이가 주인인 철제 그릇 집에 들어서니 이 집에는 다른 데서는 보지 못한 독특한 모양의 촛대가 있다. 촛대 허리는 꽈배기처럼 꼬여있고, 초 받침은 이제 막 꽃봉오리가 열리는 튤립꽃 모양이다. 작고 야무진 모양이 마음에 들어 주인과 흥정에 들어간다. 그런데 백전노장 주인 앞에서 손님이 속을 너무 많이 보였나 보다. 눈치빠른 주인이 엄청난 값을 부른다. 그렇다고 주인의 전략에 무조건 끌려갈 수는 없다. 주인이 차츰 가격을 내리며 애교 있는 웃음으로 흥정을 마무리하는데 장사 솜씨가 보통이 아니다.

정말 예쁜 주전자를 찾았다. 뚜껑부터 몇 번의 굴곡을 지으며 요염한 모습으로 얹혀있다. 그 아래 날씬하나 마르지 않게 들어간 허리, 다시 풍만하게 나온 아랫부분의 우아한 자태, 허리 부분에는 아라베스크 무늬가 조각되어 있고, 아래로는 부드러운 주름이 풍성한 맛을 주며, 날렵하게 나온 주둥이와 우아한 손잡이는 아름다운 선과 균형감을 맛보게 해준다. 생면부지의 아줌마 손에 이끌려 고향을 떠나온 터키 주전자, 이스탄불로 향하는 내 모든 그리움을 담아 주고 있다.

적당한 값에 마음에 드는 촛대와 주전자를 안은 나는 흡족하다. 주인이 애플차를 내놓으며 천천히 구경하고 놀다 가라고 한다. 이런저런 이야기도 하고 물건 구경도 더 하고 싶지만 그럴 수 없는 처지가 애석하다. 내 몫으로 산 촛대와 주전자를 안고 바자르를 나온다. 해가 져 어두워진 거리를 부지런히 걸어 호텔로 돌아오니, 아비와 아들이 그제야 부스스 일어난다. 촛대와 주전자를 쓰다듬으며 자랑하는 엄마를 보고 지원이가 한마디 한다. 엄마가 행복해야 우리식구 모두가 행복하다고. 엄마도 한마디, 우리식구 모두가 행복해야 엄마가 행복하단다.

어두워진 거리로 나왔다. 여행을 시작하며 처음 들어왔던 레스토랑에 다시 모여 앉았다. 긴 여정의 마무리를 축하하며 건배한다. 아이들은 아빠에게 감사의 말을 하고, 시몬은 힘든 여정을 잘 따라준 식구에게 고맙다고 말한다. 그동안의 여정을 되짚어 따라가 본다.

터키 이스탄불에서 시작해서 앙카라, 카파토키아, 안탈리아, 에페소, 그리스 아테네, 델포이, 코린토, 올림피아, 미케네, 이집트 카이로, 룩소르, 후루가다, 알렉산드리아 그리고 이제 세번째 이스탄불이다. 긴 여정이다. 케밥에서 나는 향신료의 냄새가 좋다. 처음엔 이국의 냄새였지만 이제는 터키 냄새다. 쌉싸름한 에페스맥주와 함께 늘 그리울 것 같다.

이스탄불, 떠나려니 더욱 아름다워

이런 억울할 데가 있나, 매일 새벽 일없이 일찍 떠지던 눈이 하필이면 마지막 날 늦잠을 잤다. 다섯 시에 모스크에서 들려오는 구성진 '아잔' 소리를 못 들은 걸 보면 어지간히 피곤했나 보다. 부지런히 짐 정리를 하고 호텔을 나서는데, 벌써 9시다. 11시면 공항으로 떠나야 하는데, 동네 한 바퀴 돌아볼 시간이 되려나 모르겠다.

다행히 어제 질척거리던 날씨가 오늘은 화창하다. 먼저 톱카피 궁전으로 달려간다. 한 달 만이다. 첫날 분주함 속에서 놓친 구석구석의 풍경이 눈에 들어온다. 가을 색이 완연한 궁전의 공원에는 무성한 수풀의 나뭇잎 사이로 고운 햇살이 가득하고, 아직 푸르름을 다 잃지 않은 잔디밭에는 늦가을 꽃들이 성긴 가을 햇살을 따라 해바라기를 하고 있다. 구슬 같은 잔돌을 깔아놓은 비탈길을 올라가 궁전의 안 뜨락에 자리를 잡았다. 잘 가꾸어진 정원에 앉아 이스탄불의 깊어가는 가을을 감상하는 호사를 누린다.

　몇 발자국 비켜 앉으니 아야소피아와 담이 붙어있는 이레나 성당이 눈에 들어온다. 있는 줄도 모르고 지나친 건물이다. 붉은 벽돌의 성당은 벽돌마다 모서리가 닳아 없어지고, 창문 밑의 벽돌은 더욱 낡아 무너질 듯 위태롭다. 파랗게 이끼가 덮여있는 창 문턱에는 언제 뿌리를 내렸는지 알 수 없는 잡초들이 무성하게 자라고 있다. 천년이 넘은 세월의 풍상으로 흑처럼 순해진 벽돌이 이끼와 풀뿌리에 덮여 제 모습이 보이지 않는다. 이렇게 시간이 흐를수록 아름다워지는 묘약이 어디에 있다면 얼마나 좋을까. 오랜 시간이 아름다움으로 엄혀있는 성당의 창문이, 가야 하는 나그네의 마음을 놓아주지 않는다.

　블루 모스크로 간다. 모스크 안에는 이제 막 도착한 방문자들의 설렘이 가득하다. 그러나, 떠나는 나는 그들과는 다른 마음으로 다시 한번 웅장한 돔을 올려다본다. 모스크의 출구에 앉아 헌금을 받는 아저씨 테이블에 "블루모스크의 복원을 기원합니다. 약간의 기부금을 부탁합니다"라고 한국말 포스터가 붙어 있다. 전에 시몬이 적어준 것이다. 글씨 써 달라고 부탁했던 아저씨가 우리를 알아보고 몹시 반가워한다. 책상 서랍을 뒤져 엽서와 블루모스크의 사진을 선물로 주고 다정한 악수로 작별인사를 청한다. 우리는 블루 모스크와도 특별한 인연을 맺고 간다.

아이와 함께 앉아 비둘기를 바라보던 곳, 오며 가며 쉬던 모스크 앞의 벤치에 잠시 앉았다. 그래도 아쉬움이 남아 언덕 위의 카페를 찾았다. 블루모스크, 아야소피아, 톱카피 궁전 그리고 오늘 도착한 행복한 사람들의 웅성거림이 한눈에 들어온다. 그동안 무수히 마신 이곳의 유일한 인스턴트커피 네스까페를 마지막으로 청해 마시고 카페 청년들의 수줍은 인사를 뒤로하고 일어선다.

3시 30분, 이륙. 이스탄불 시내가 곧 시야에서 사라진다. 긴 여행이 무사히 마무리 된 것을 시몬과 함께 레드와인으로 축하한다. 이제 곧 도착할 서울. 우리를 눈이 빠지게 기다리고 있을 귀여운 작은눈이 식구들, 정말 보고 싶다.

여행을 마치며

여행을 마치며

    한 달간의 긴 여정을 마치고도, 나는 다시 일 년여의 여행을 계속하여 오늘 마침표를 찍는다. 여행길에 찍어온 사진 뒤에다 언제 어디라고 적어놓는 일조차 싫어하는 내가, 어쩌다 이렇게 엄청난 프로젝트를 떠안게 되었는지 모르겠다.

    여행 초기에 시몬은 우리 식구에게 여행기를 공모한다. 두 아이는 현명하게도 여행 며칠 만에 그 일을 포기하는데, 한 보름이면 다 쓸 수 있다고 호언장담을 한 나는, 그 무지한 용기 덕분에 고난의 바다에 빠져버렸다.

    첫 번째 어려움은, 표현하고 싶은 적당한 단어가 떠오르지 않는다는 점이다. 말이라면, 아침부터 저녁까지 수다를 떨어도 시간이 부족하지 말이 모자라지 않는 터, 그러나 넘치는 말을 공책에 옮겨 보려니 한 줄 쓰기가 한나절이다. 나의 언어생활이 이렇게 빈곤했단 말인가. 변변치 않은 단어실력으로도 하고싶은 말 구사하며 사는 데 전혀 불편하지 않았다는 사실이 놀랍기도 했지만, 그보다도 나의 사고 역시 그렇게 단순한 틀 속에 갇힌 채 살아가는 것은 아닐까 하는 자각이 들었다. 말의 단순함이야 부족하면 부족한 대로 거죽의 모습이지만, 사고의 단순함은 얼마나 많은 '판단 오류'를 행사했는지 모르는 일이다.

두 번째 어려움은 역사 이야기라면 까막눈인 내가, 보고 온 것은 너무나 방대하여 그것을 다만 변죽이라도 울려보려면 여기저기 역사서를 들추어야 하는, 새삼스러운 공부가 필요했다는 점이다. '서양사 총론' (차하순), '이집트 문명과 예술' (키릴알드레드), '고대 이집트 문명' (아문), 그리고 '세계를 간다' (중앙)는 글쓰기는 물론이고 여행에 많은 도움이 된 책이다. 그밖에 현지에서 사 온 많은 유적지 안내 책자, 화보 등등 도움받은 책이 수없이 많다. 지원이가 인터넷에서 찾아준 정보도 많은 도움이 되었다.

세 번째는 엄살이 좀 들어가긴 했지만 늘 부족한 시간 때문에 늘 피곤한 몸. 오전엔 바느질 학교에 가고, 오후엔 친구들도 만나고 시장도 가야 하고, 오라는 데는 없어도 갈 곳은 많은 것이 아줌마의 삶이다. 이래저래 밀려나는 글 쓰는 일은 언제나 밀린 숙제로 남아 나를 부담스럽게 했다. 그 부담감은 할 수 있는 일조차 미루는 나쁜 버릇까지 만들어 주었는데, 대표적인 것이 운동이다. 사실 운동에 필요한 시간이야 실제로는 얼마 되지 않지만, 마음의 부담이 늘 그 시간을 뒤로 미루게 했다. 그 뒷얘기는 말해 무엇하랴. 그러나 어려움만 있었던 것은 아니다.

우선 여러 가지 내 부족함을 알게 되었으니 고맙고, 이 책, 저 책들추며 배우고 알게 된 이러저러한 이야기들로 "어, 우리 엄마 맞아?" "아니, 우리 마누라가 그런 것까지" 하며 식구들을 놀라게 하는 기쁨도 있었다.

무엇보다도 밀려 밀려 얻은 시간, 새벽4시의 공기는 얼마나 달고 신선하던지. 작은 책상을 앞에 두고 앉아서, 마루문으로 들어오는 상쾌한 새벽의 냄새를 맡으며 먼 여정을 돌아보는 일은 크나큰 즐거움이었다. 걸출한 역사 속의 인물도 만나보고, 그들이 만들어낸 역사의 격랑 속으로 따라 들어가서 그들이 남긴 크고 작은 발자국을 되짚어 보는 일 또한 즐거움이었다.

그것들은 이렇게 주제넘은 일을 벌이지 않았다면 절대 맛볼 수 없는 행복이다. 그러나 두 번의 여행으로 가장 크게 얻은 것이 있다면 그건 '여유'라고 말하고 싶다. 다양한 모습의 자연, 다양한 사람들의 다양한 삶의 모습에서 편안함과 여유를 보았기 때문이다.

그동안 타이핑하느라 애쓴 우리 성인이 지원이, 필요하다면 언제나 친절하게 정보를 모아준 우리 지원이, 때때로 헷갈리는 현지의 기억을 바로잡아주며 현지에서 사 온 안내서를 바쁜 와중에도 번역해준 시몬, 그동안 작가 행세를 하며 마음껏 위세를 부리게 해준 식구들 모두에게 감사를 보낸다.

구슬이 서 말이라도 꿰어야 보배라고 했다. 얼기설기 꿰었어도 모두 꿰었으니 이제 우리 여행은 보석이 되었다. 들추기만 하면 언제나 이곳에 있는 우리 가족의 행복과 사랑이, 우리에게 그리고 아이들에게 두고두고 삶의 힘이 되어주리라 믿는다.

인디 부부의 내 맘대로 세계여행
오래된 그이터

초판발행   2018년 9월 10일

글   안정옥
발행인   홍은표

디자인   더그래픽노블스

펴낸곳   ㈜인디라이프
주소   서울특별시 마포구 숭문길 226, 202호 (염리동, 이화빌딩)

전화   02-704-6251
팩스   02-704-6252
이메일   ephong@indielife.kr
홈페이지   www.indielife.kr
등록   제2018-000175호

ISBN   979-11-964117-0-1

값   12,000 원

Printed in Korea